AF503783

ESSAIS
DE PHYSIQUE,
OU
RECUEIL
DE PLUSIEURS TRAITEZ
touchant les choses naturelles.

TOME I.

Par M. PERRAULT, de l'Academie Royale des Sciences, Docteur en Medecine de la Faculté de Paris.

A PARIS,

Chez JEAN BAPTISTE COIGNARD,
Imprimeur ordinaire du Roy, ruë S.
Jacques, à la Bible d'or.

M. DC. LXXX.
AVEC PRIVILEGE DE SA MAIESTE'.

PREFACE.

JE donne le nom d'Essais aux petits ouvrages contenus dans ce Recueil, non seulement à cause que ce ne sont point des pieces achevées, & qui ayent assez de liaison ensemble, & assez d'étenduë pour enfermer tout ce qui doit entrer dans la composition d'un corps entier de Physique ; mais aussi par la raison que dans cette sorte de science on ne peut faire guere autre chose que d'Essayer & de chercher. Car la Physique ayant deux parties, sçavoir la Philosophique & l'Historique, il est certain que dans la premiere qui explique les Elemens, les premieres Qualitez, & les autres causes des Corps naturels par des hypotheses qui n'ont point la pluspart d'autre fondement que la probabilité; l'on ne peut acquerir que des connoissances obscures & peu certaines : & l'on est encore obligé d'avouër que l'autre partie quoy qu'elle soit remplie de faits constants & averez, ne laisse pas de contenir beaucoup de choses

douteuſes, à cauſe que les conſequences qu'on y tire des Phenomenes extraordinaires & des nouvelles experiences, n'ont rien de bien aſſuré, parce que nous n'avons pas toutes les
connoiſſances neceſſaires pour bien
établir ces conſequences: & il ſe trouve meſme que plus on fait de nouvelles obſervations , & plus on connoiſt
qu'on eſt toujours en danger de ſe
tromper ; ces nouvelles obſervations
ſervant le plus ſouvent bien moins
à confirmer qu'à détruire les concluſions qu'on avoit fait auparavant.

Outre ces raiſons, de ſe défier de la
connoiſſance qu'on croit avoir acqui-
ſe, leſquelles ſont communes à tous
les traitez de Phyſique , je reconnois
que ce livre en a de particulieres, qui
luy font avoir beſoin de prevenir en
quelque façon par ſon titre le mauvais effet que la hardieſſe de quelques-unes de ſes propoſitions & de
ſes concluſions pourroient produire:
& c'eſt dans cette vuë que je declare
que mes Syſtemes nouveaux ne me
plaiſent pas aſſez pour les trouver

beaucoup meilleurs que d'autres , &
que je ne les donne que pour nouveaux ; mais je demande en recom-
penſe qu'on m'accorde que la nouveauté eſt preſque tout ce que l'on
peut pretendre dans la Phyſique,
dont l'employ principal eſt de chercher des choſes non encore vuës, &
d'expliquer le moins mal qu'il eſt poſſible , les raiſons de celles qui n'ont
point eſté auſſi bien entenduës qu'elles le peuvent eſtre. Et ma penſée
eſt que cela ſe peut faire non ſeulement avec une entiere liberté de ſuppoſer tout ce qui ne repugne point **à**
des faits averez , & qui eſt capable
de donner en quelque façon une
intelligence claire & familiere des
choſes inconnuës ; mais meſme je
croy , ſi les exemples des celebres
Philoſophes peuvent donner quelque droit, qu'il eſt permis d'y employer les imaginations les plus bi-
zarres, pourvu que ce ne ſoit point
celle d'avoir trouvé quelque choſe
de certain & de convainquant. Car
la verité eſt que l'amas de tous les

Phenomenes qui peuvent conduire à
quelque connoiſſance de ce que la nature a voulu cacher, n'eſt à proprement parler qu'un Enigme à qui l'on
peut donner pluſieurs explications;
mais dont il n'y aura jamais aucune
qui ſoit la veritable.

Si cét aveu ſincere de ce qu'il y a
de foible dans la partie Philoſophique de ce livre peut meriter quelque
indulgence envers ceux qui ne trouveront pas ſes nouvelles hypotheſes
ſelon leur gouſt, à cauſe du peu d'é-
vidence qu'ils y trouvent, ou de la
prevention dans laquelle ils peuvent
eſtre pour d'autres ſyſtemes auſquels
ils ſont accoutumez; on eſpere que
la partie Hiſtorique, qui contient un
grand nombre de choſes certaines &
conſtantes, ſe ſoutiendra aſſez d'elle-meſme par la beauté & la diverſité
des faits & des experiences qui y ſont
rapportées: parce qu'il eſt permis à
chacun d'en former des inductions à
ſa fantaiſie, ſi celles qui ſont ici ne
plaiſent pas.

Je prevoy bien que ceux qui ont

de l'amour pour les Sciences & pour les Arts se scandaliseront, voyant la maniere dont je parle de la Physique, parce qu'ils considereront la défiance que je témoigne, comme une espece d'outrage fait au merite & à la noblesse de cette Philosophie, qui toute incertaine qu'elle est, ne laisse pas de tenir un des premiers rangs entre les connoissances humaines, l'évidence & la certitude n'estant pas ce qui fait principalement leur beauté & leur excellence. Mais si l'on veut y bien prendre garde on trouvera que je n'ay peut-estre que trop de raison: car sans parler de ce qui me regarde, & de ce qui peut manquer de ma part, il est certain qu'outre que les ouvrages de Physique, avec toute la noblesse de leur sujet, plaisent à peu de personnes, la maniere dont je traite cette matiere, quoy que je la trouve aussi bonne qu'une autre, a quelque chose qui me fait douter si elle pourra estre approuvée de ceux mesme qui aiment les ouvrages de Physique.

Il eſt conſtant que le gouſt pour les connoiſſances naturelles eſt un don ſingulier de la nature; l'ouverture d'eſprit pour les autres eſtant commune à toutes ſortes de genies : parce qu'il n'y a rien dans la vie & dans la ſocieté des hommes, qui dés la naiſſance n'y conduiſe & n'y diſpoſe. Toutes les occaſions, tous les beſoins contribuent inceſſamment à la matiere & à l'exercice de ce qui appartient à la Morale, à la Politique, à l'Eloquence; & ces ſortes de connoiſſances n'ont rien que l'accoutumance n'ait rendu facile & familier à tout le monde. La ſeule Phyſique Philoſophique eſt comme un païs inhabité, dans lequel on n'a point ordinairement de commerce, parce qu'il ne fournit aucune des choſes qui ſont de l'uſage commun de la vie : de maniere que ſi l'on y veut faire entrer les perſonnes qui n'y ſont pas nées, on peut dire qu'elles n'en entendent pas le langage; & beaucoup de ceux qui y ſont nez, n'y ayant pas eſté nourris, ne veulent

guere

gueré fe donner la peine de l'apprendre; parce qu'il demande une
attention expreffe, qui coufte beaucoup plus que celle qu'il faut pour
les autres chofes aufquelles on s'eft
infenfiblement formé dés le bas âge.
Ainfi une remarque fur quelque
point de morale, ou fur la langue
qu'on fçait, plaift infiniment plus
que tout ce qui pourroit eftre dit fur
un autre fujet, par la joye que l'on
a de fe fentir capable de comprendre des chofes qui font données pour
belles & pour excellentes. Au contraire fi le difcours eft de Phyfique,
la crainte que l'on a de n'y entendre
rien, donne ordinairement un cha-
grin qui porte à avoir averfion pour
la chofe, parce qu'on n'en connoift
que ce qu'elle a de defagreable, qui
eft fon obfcurité.

A l'égard de la maniere dont je
traite la Phyfique, qui eft de tafcher
d'y voir autre chofe que ce que mes
yeux m'en peuvent apprendre; ce
n'eft pas fans raifon que je me defie
de pouvoir obtenir l'approbation

des Physiciens de ce temps, dont la plufpart font confifter toutes les decouvertes des chofes naturelles dans la nouveauté des faits, & qui ne veulent point qu'on en cherche les caufes, parce, difent-ils, que fi l'on s'amufe à raifonner on n'aura jamais fait; & ils ont raifon, n'y ayant pas apparence qu'on puiffe épuifer les trefors de la Sageffe infinie de Dieu. Mais quoy qu'on fçache bien qu'il eft impoffible de parvenir à une connoiffance parfaite de ces chofes; comme la Philofophie ne confifte pas dans la poffeffion, mais feulement dans l'amour de la Sageffe, j'eftime que la moindre ombre que nous puiffions avoir de cette connoiffance merite toute noftre admiration, & doit eftre confiderée comme le fujet de noftre plus belle étude. Il y a encore une autre chofe qui fait que je ne fçaurois eftre de l'opinion de la plus grande partie des Philofophes qui veulent que dans la Phyfique on s'attache à un feul fyfteme: car puifqu'il ne nous eft pas

poſſible de trouver le veritable, &
que le plus vrai-ſemblable ne le ſçauroit jamais eſtre aſſez pour éclaircir
toutes les difficultez d'une matiere ſi
difficile, ma penſée eſt qu'il les faut
recevoir tous ; afin que ce que l'un ne
ſçauroit faire entendre , l'autre le
puiſſe expliquer : & pour moy je ſuis
reſolu de n'en rejetter aucun de ceux
que je trouveray expliquer les choſes plus commodement par des hypotheſes nouvelles , qui eſt une choſe qui n'eſt pas auſſi aiſée que l'on
pourroit croire ; les nouveautez qui
ont eſté introduittes depuis peu dans
la Phyſique , n'eſtant la pluſpart que
l'explication des opinions anciennes
que les modernes ont pouſſé plus
loin que les premiers auteurs n'a-
voient fait : car on n'a guere penſé
de choſes qui ne ſe puiſſent trouver
dans ce que Diogene Laërce & Plu-
tarque ont rapporté des opinions
des Philoſophes. Il eſt vray qu'il faut
un peu aider à quelques-uns de ces
anciens auteurs , & les conſiderer
comme des oracles , qui demandent

:qu'on devine une partie de ce qu'ils veulent dire. J'en ay usé ainsi à l'égard de quelque-uns de mes Systemes nouveaux, que j'ay pris dans des auteurs anciens, où personne que je sçache ne les avoit point encore vus. Par exemple, lorsque je propose l'opinion que j'ay sur la cause du mouvement des muscles que j'attribuë au Ressort Naturel de leurs fibres qui les fait retirer & racourcir, en sorte que l'action Animale qui se fait dans la flexion ou dans l'extension d'une partie, est dans l'Antagoniste relasché, & non dans le muscle qui tire : Cette pensée m'a esté fournie par Galien, qui dit qu'il y a dans les muscles un principe naturel de mouvement qui cause une contraction qu'ils ont en eux mesmes. J'ay encore trouvé par le moyen d'une explication que je donne à Hippocrate, le systeme que je fais de la generation des estres vivans, lesquels je suppose avoir tous esté creez dés le commencement du monde, en sorte que lorsqu'on croit que ces

πᾶν μόριον, τῶ μυὸς, σύμφυτον ἔχει τὴ κί-νησιν, τ̓ εἰς ἑαυτὸ συνό-δον.
Lib. 1. de motu muscul.

eſtres ſont engendrez, ils ne font que recevoir un accroiſſement qui les rend capables des fonctions de la vie : car Hippocrate veut que ce qu'on appelle Generation, ne ſoit rien autre choſe que l'Accroiſſement des corps, qui par cét accroiſſement, d'inviſibles qu'ils eſtoient deviennent viſibles; parce qu'il eſtime que ce qui n'eſt point, ne ſçauroit eſtre engendré, & que tout ce que la nature peut faire eſt de l'augmenter : Et quoy que les paroles d'Hippocrate puiſſent avoir un autre ſens, on peut dire que celuy que je leur donne eſt litteral, & que la ſuite du diſcours n'a rien qui y repugne ; du moins il eſt vray que ces paroles bien ou mal entenduës, m'ont fait venir la penſée que j'ay euë du ſyſteme nouveau que je propoſe de la generation.

Ce recueil eſt compoſé de ſept traitez compris en trois Tomes: le premier qui eſt *de la Peſanteur des Corps, de leur Reſſort & de leur Dureté,* explique les premieres & les

νομίζε ται
παρὰ τ ἀν
θρώπων τ
μὴ δὲ ἀ
δυ ἐς φῶ
αὐξηθὲ ,
φθίαρ. οἱ
δὲ οἷον τ
τὸ μὴ ὂν
γνίαθαι.
ἀλλ' αὐξται πάντα
Lib. 1. de
Diæta.

plus simples Qualitez des corps, lefquelles font la caufe & le principe
des autres. Le fecond qui eft *du
Mouvement Periftaltique*, explique
les principales actions des corps vivans, qui felon mes hypothefes dépendent du Reffort. Le troifiéme
qui eft *de la Circulation de la feve
des Plantes*, explique plus particulierement cette action du Reffort
dans les corps vivans les moins parfaits. Le quatriéme traité qui eft
d'une *Nouvelle infertion du Canal
Thoracique*, & le cinquiéme qui eft
la *Defcription d'un nouveau canal de
la bile*, ont efté ajoûtez aux trois
premiers, feulement pour donner à
ce Tome la groffeur des autres,
n'y ayant point de raifon qui empef-
chaft qu'ils ne fuffent mis en fuitte
des autres. Le fixiéme traité qui
occupe le fecond Tome, & qui eft
intitulé *du Bruit*, a quelque fuitte
avec les trois premiers, parce qu'il
comprend ce qui appartient à l'é-
motion particuliere que les corps
qui font du bruit fouffrent eftant

ehoquez, & que je rapporte à leur Reſſort; & par la raiſon auſſi que cette émotion des corps émeut tout enſemble & l'air & les organes de l'ouïe, dans l'explication deſquels je renferme pluſieurs penſées qui me ſont particulieres, ſur ce qui appartient à tous les ſens des animaux, tant les externes que les internes. Le troiſiéme Tome qui contient le traité *de la Mechanique des Animaux*, explique toutes les fonctions des Animaux par la Mechanique.

Mais parce que ces Traitez ne ſont pas ſeulement pour ceux d'entre les ſçavans qui pourront y trouver quelque choſe de nouveau, & qu'ils peuvent auſſi ſatisfaire à la curioſité de ceux qui n'en ont ordinairement que fort peu pour ces ſortes de matieres, à cauſe que la difficulté qu'ils trouvent le plus ſouvent à les entendre, les leur fait paroiſtre au deſſus de leur capacité : j'ay pris ſoin d'expliquer les termes de Science dont on a de coûtume de ſe ſervir, & que j'ay employez dans ces Traitez, dont j'ay fait une table Alphabethique à part., dans laquelle ceux qui ont assez d'esprit pour aimer les belles connoissances, & à qui il ne manque que l'intelligence des mots, trouveront un secours qui suppléra à ce petit defaut, & leur fera voir que cette intelligence n'est que la moindre partie de la capacité des sçavans.

Extrait du Privilege du Roy.

PAr Grace & Privilege du Roy, il est permis à JEAN BAPTISTE COIGNARD Imprimeur & Libraire ordinaire du Roy, d'imprimer, vendre & debiter pendant le temps de six années, un Livre intitulé *Essais de Physique, ou Recueil de plusieurs Traitez, touchant les choses naturelles*, composé par M. PERRAULT *de l'Academie Royale des Sciences, Docteur en Medecine de la Faculté de Paris*; Avec défenses à tous autres d'imprimer, vendre ou debiter ledit Livre sans le consentement de l'Exposant, sur peine de trois mille livres d'amende, dépens, dommages & interests; ainsi qu'il est plus au long porté audit Privilege donné à S. Germain en Laye le 20. jour d'Octobre 1679. Signé Par le Roy en son Conseil D'ALENCE', & scellé du grand Sceau de cire jaune.

Achevé d'imprimer pour la premiere fois le 2. jour de May 1680.

TABLE

TABLE GENERALE.

DE LA PESANTEUR DES CORPS,
DE LEVR RESSORT, ET DE LEVR DVRETE'.

PREMIERE PARTIE.
DV RESSORT ET DE LA DVRETE, DES CORPS.

SECONDE PARTIE.

DE LA PESANTEUR.

DV MOVVEMENT PERISTALTIQVE.

DE LA CIRCVLATION DE LA SEVE DES PLANTES.

PREMIERE PARTIE.

SECONDE PARTIE.

Contenant des experiences pour l'éclairciffement de la circulation de la feve des Plantes.

TROISIEME PARTIE.

Contenant des remarques sur les principes proposez dans la premiere Partie.

TABLE

NOVVELLE DESCRIPTION DV CANAL THORACIQVE.

DESCRIPTION D'VN NOVVEAV CONDVIT DE LA BILE,

Fautes d'impreßion.

Page 71. lig. 3. comment, *lifez* comme. *ligne* 11. laiffent, *lif.* laiffe. *l.* 14. refufent, *lif.* refufe. *p.* 99. *l.* 3. du rouleau de, *lif.* & de. *p.* 161. *l.* 28. leurs efpaces, *lif.* les. *p* 191. *l. dern.* 20. experience, *lif.* 9. & la 13. *p.* 207. *l.* 10. qui empefchent, *lif.* empefchant. *p.* 306. *l.* 6. mangeans, *lif.* mangeant. *p.* 325. *l.* 4. il s'eft trouvé, *lif.* elle s'eft trouvée. *p.* 339. *l.* 21. difpofée, *lif.* difperfées.

DE LA

DE LA PESANTEUR DES CORPS, DE LEUR RESSORT ET DE LEUR DURETÉ.

JE croy que l'on peut considerer la Pesanteur, le Ressort & la Dureté, comme les premieres & les principales qualitez des corps naturels, puis qu'elles leur sont communes à tous, & que l'explication de ces trois choses éclaircit une grande partie de ce qu'il y a de plus obscur & de plus difficile dans la Physique; car la connoissance des autres qualitez depend de ces trois premieres, qui dependent mesme encore l'une de l'autre; par la raison que la Pesanteur est le principe des deux autres, du moins suivant les conjectures sur lesquelles je me fonde dans ce Traité.

Quoy que selon l'ordre naturel, il eust esté mieux de commencer par l'explication des causes de la Pesanteur, je n'en parleray neanmoins qu'aprés avoir traité du Ressort & de

Tome I.   A

2

la Dureté : parce que ces qualitez supposant
une chose aussi certaine & aussi connuë qu'est
la Pesanteur , leur explication doit moins
donner de peine à l'esprit que l'explication des
causes de la Pesanteur qui ne sont ny certaines ny connuës : Et il y a apparence , que
l'on comprendra plus aisement & que l'on
recevra plus favorablement toutes ces choses
lorsque l'on se sera acoutumé aux hypotheses
qui leur sont communes à toutes , en s'exer-
çant premierement sur les matieres les moins
difficiles. Ie divise donc ce Traité en deux
Parties : dans la premiere j'explique les causes du Ressort & de la Dureté des corps ,
dans la seconde j'explique celles de la Pesanteur.

Mon intention n'a point esté d'establir un
systeme nouveau de tout le monde , ou de dire
auquel de ceux qui ont esté jusqu'à present proposez je veux m'arrester, & comment j'y ajuste
mon systeme particulier ; cela demanderoit un
Traité à part , qui n'a aucune necessité : Ie
croy que c'est bien assez si me reduisant à la
seule recherche de ce qui appartient au Globe
que nous habitons, je la puis faire avec des hypotheses probables & capables d'expliquer les
choses les plus inconnuës de la Nature , par
des moyens intelligibles tels que sont ceux qui
la Mechanique nous fournit.

PREMIERE PARTIE.
DU RESSORT
ET DE LA
DURETÉ
DES·CORPS.

L E Reſſort & la Dureté ſont deux qualitez qui ont les meſmes cauſes, & qui ne different que par la modification de ces cauſes, c'eſt à dire, par la maniere differente d'agir qu'elles ont ſelon des circonſtances differentes : car la Dureté n'eſt rien autre choſe que la puiſſance par laquelle les corps reſiſtent à la ſeparation des parties dont ils ſont compoſez ; & le Reſſort eſt cette meſme puiſſance par laquelle les meſmes parties ſont reünies, apres avoir eſté quelque peu ſeparées & éloignées les unes des autres. Or il eſt ce me ſemble évident que les cauſes qui font la reünion des parties, peuvent eſtre les meſmes qui reſiſtent à leur ſeparation. Ces cauſes ſelon moy ſont une diſpoſition Interne qui fait que les parties ſont capables de s'unir aiſement

I.
Definition
du Reſſort &
de la Dureté

A ij

quand elles ſont proches les unes des autres, & une puiſſance Externe qui les fait approcher.

Pour entendre de quelle maniere cette diſpoſition interne des parties , & cette puiſſance externe concourent à produire cette Union qui fait la Dureté, & cette Reünion qui fait le Reſſort, il faut convenir & demeurer d'accord de quelques hypotheſes. J'en fais quatre.

La premiere eſt que les particules dont les corps qui ſont durs & qui font reſſort ſont compoſez , doivent eſtre petites beaucoup au delà de ce que les yeux & le miſcroſcope peuvent faire voir de plus petit; parceque l'experience nous enſeigne que les fibres quelques petites que nous les puiſſions trouver dans les metaux , dans le bois , ou dans les autres corps qui paroiſſent fibreux , ont toûjours reſſort ; ce qui doit eſtre attribué à d'autres corps petits & inviſibles dont ces fibres viſibles ſont compoſées.

La ſeconde hypotheſe eſt que l'air voiſin de la terre & dont nous avons l'uſage & la connoiſſance , eſt compoſé de trois parties meſlées enſemble , dont j'appelle l'une la partie Groſſiere, l'autre la partie Subtile , & la troiſiéme la partie Etherée. La partie Groſſiere eſt un amas de petits corps mediocrement ſubtils , mediocrement peſants , & capables d'une grande compreſſion. La partie Subtile eſt un amas de corpuſcules beaucoup plus ſubtils & plus peſants que ceux qui compoſent la partie groſſiere, mais qui ſont tout à fait incapables de compreſſion. La partie Etherée eſt encore incomparablement plus ſubtile que les deux autres , mais elle n'a point de peſanteur, eſtant elle meſme la cauſe de la peſanteur des autres corps , comme il ſera expliqué dans la ſeconde partie de ce traité. Ainſi je n'ay à parler icy que des deux autres parties qui ſont appellées ſimplement la partie Groſſiere & la partie Subtile de l'air.

La troiſiéme hypotheſe eſt que tous les corps que nous voyons ſont compoſez d'autres corps inviſibles ſimples & indiviſibles que l'on appelle Corpuſcules , pour les diſtinguer des autres petits corps tels que ſont ceux de la partie groſſiere de l'air, qui de meſme que tous les autres corps que nous voyons , ſont compoſez de corpuſcules. Or ces corpuſcules indiviſibles , c'eſt à dire incapables d'eſtre actuellement diviſez ou rompus, ont naturellement chacun une figure certaine &

Que tous les corps que nous voyons ſont compoſez d'autres corps inviſibles , indiviſibles,

& ayant naturellement une certaine figure.

immuable ; Et ces figures qui ſont preſque infinies, ſe rapportent à deux genres ; enſorte que ces corpuſcules ſont
les uns parfaitement ſpheriques, ou
tiennent de la figure ſpherique : les autres ſont de figure cubique, ou en approchent les uns plus les autres moins ;
ayant cela de commun qu'excepté ceux
qui ſont parfaitement ſpheriques ils
ont tous des faces plates. Cela eſtant
je ſuppoſe que la partie ſubtile de l'air,
& la partie etherée ſont compoſées de
corpuſcules parfaitement ſpheriques &
extremement deliez ; les corpuſcules
de la partie etherée eſtant incomparablement plus deliez que les autres ; &
que la partie groſſiere de meſme que
tous les autres corps que nous connoiſſons, eſt compoſée des corpuſcules
de figure cubique, ou approchans de
la cubique & de la ſpherique, c'eſt à
dire d'une figure où il ſe rencontre des
faces plattes ; & qu'il y a cette difference entre tous les corpuſcules, que
ceux dont la partie ſubtile de l'air &
la partie etherée ſont compoſées, ne
s'attachent jamais les uns aux autres
n'ayant aucunes faces plates, mais font
une maſſe fluide : & que les corpuſcules
qui compoſent les autres corps, ſe peuvent attacher & ſe ſeparer par une infi-

nité de differentes rencontres, qui donnent occasion à la composition de tous les corps visibles.

La quatriéme hypothese est que les corpuscules, dont les choses dures & solides sont composées, ont de si petits intervalles, & sont serrez de si prés les uns contre les autres, que les corpuscules de la partie subtile de l'air ne sont quelquefois pas assez subtils pour s'insinuer dans ces intervales : mais cela ne doit estre entendu que de certaines parties qui sont extremement compactes dans chaque corps solide, n'y ayant point de corps solides qui n'ayent des inegalitez & des parties moins serrées, au travers desquelles cette partie subtile trouve moyen de passer. Il faut supposer neanmoins que les parties compactes des corps solides ne le sont pas tellement qu'elles ne puissent estre actuellement divisées par des efforts puissants : Et en cela elles different des corpuscules, qui, ainsi qu'il a esté dit, ne peuvent jamais estre actuellement divisez.

Toutes ces choses n'ont rien ce me semble qui repugne à aucun Phenomene; & je croy qu'il y en a quelques uns qui peuvent servir à les appuyer.

Que les corps invisibles dont les corps durs sont composez sont exactemēt joints les uns aux autres, & ne sont separez que par de tres-petits intervales.

I I.
Conjectures pour fonder les quatre hypotheses.

Je vay les employer avec les autres raifons que j'ay jugé capables de faire connoiftre la probabilité de ces quatre hypothefes.

Les petits corps, dont la partie grof-fiere de l'air eft composée, ont chacun reffort en leur particulier, la maffe de l'air n'ayant reffort que parce qu'elle eft composée de petits corps qui ont reffort, de mefme qu'un oreiller de du-vet ou de crin a reffort, parce que cha-que particule de duvet, & chaque brin de crin a reffort en fon particulier. Or chacun des petits corps qui compofent la partie grofficre de l'air eft incompa-rablement plus petit que les plus peti-tes fibres qui fe puiffent imaginer dans les corps que nous voyons qui ont de la Dureté & du Reffort, & c'eft de là que je tire une conjecture pour appuyer la premiere hypothefe, & pour faire com-prendre quelle peut eftre la petiteffe des particules ayant reffort dont les corps durs & qui ont reffort font com-pofez.

Pour ce qui eft de la feconde hypo-thefe, je dis que l'eau, le fablon fin, l'or reduit en poudre fubtile, le mer-cure, & plufieurs autres chofes de cet-te nature, font voir que la fubtilité ne repugne point à la pefanteur dans les

corps fluides, tel qu'eſt l'air ; parce que
tout corps fluide eſtant neceſſairement
composé de parties ſubtiles, c'eſt à dire
tres-petites, cette petiteſſe n'a aucune
repugnance ny avec la ſolidité, ny avec
la peſanteur : Car il faut entendre que
ce n'eſt pas à la maſſe de la partie ſubtile de l'air que l'on attribue cette ſolidité, mais à chacune de ſes particules.

Les effets particuliers qui ſe voyent
dans la machine du Vuide, ſont expliquez aſſez clairement par l'hypotheſe
de la partie groſſiere & de la partie ſubtile de l'air ; car l'air que l'on en fait
ſortir en pompant, n'eſt apparament
que la partie groſſiere ; & ce qui prend
la place de cette portion oſtée, eſt la
partie ſubtile de l'air, qui par ſa peſanteur & par ſa ſubtilité penetre les pores
du verre, qui ne peuvent laiſſer entrer
la partie groſſiere ; & ſe meſlant dans
le recipient avec ce qui eſt reſté de la
partie groſſiere, car il eſt impoſſible
de l'épuiſer toute, produit un air rarefié, qui ne differe de l'air ordinaire, que
parce qu'il eſt plus rare ; & en effet on
y remarque les effets qui ſont propres &
particuliers à l'air, tel qu'eſt la propa-
gation du ſon, qui quoyque foiblement
ne laiſſe pas de ſe faire entendre au
travers de ce vuide ; tel qu'eſt auſſi le

A v

retardement des pendules & des autres
mouvemens , qui suppofent la refi-
ftance de l'air.

Car il n'y a guere d'apparence de dire , que la portion de l'air groffier demeurée dans le recipient , ayant la liberté de fe dilater , eft fuffifante pour
emplir cet efpace qui paroift vuide ;
puifqu'il n'eft pas concevable que cette
dilatation des corps qui fe rarefient , fe
faffe autrement que par la differente
pofition des parties qui eftoient proches les unes des autres par la denfité,
& qui s'éloignent & fe feparent par la
rarefaction ; ce qui demande un autre
corps qui puiffe occuper les intervalles
que les parties du corps rarefié laiffent
entr'elles en s'éloignant.

Il fe fait encore une autre experience dans la machine du vuide , dont il
n'eft pas aifé de rendre la raifon , fans
fuppofer dans la partie fubtile de l'air
une pefanteur égale à fa fubtilité : car fi
la fubtilité la rend capable de penetrer
un corps auffi folide qu'eft le verre du
recipient , en paffant entre les intervalles des corpufcules dont il eft compofé , il paroift qu'elle fait au dedans
des effets de compreffion qui peuvent
avec raifon eftre attribuez à fa pefanteur.

Ayant enfermé des gouttes d'eau &
de mercure dans le recipient , on a remarqué que lors que l'on en a fait sortir toute la partie grossiere de l'air, autant qu'il est possible, aprés avoir pompé autant qu'il est necessaire , il n'arrive aucun changement à ces gouttes ,
qui devroient s'applatir & quitter leur
figure spherique , si elles n'estoient pas
soustenuës par la compression de la partie subtile de l'air qui agit également
par sa pesanteur : car quoy que la pesanteur de soy ne porte les corps que
vers un seul costé , sçavoir vers le centre de la terre , la pesanteur de la partie
subtile de l'air ne laisse pas d'agir sur
les corpuscules de tous les sens, ainsi
qu'il sera expliqué dans la suitte : & cela se fait de mesme que l'on voit l'air ,
l'huyle & les autres corps liquides enfermez dans l'eau s'amasser en rond ,
leurs parties estant soutenuës & poussées de tous les costez par la compression qu'ils y souffrent & qui n'est causée que par la pesanteur de l'eau qui les
environne : car on voit aussi que les
corps liquides & capables de congelation comme l'huyle d'olive, ne prennent
point cette figure spherique dans la
congelation, dans laquelle il se rencontre que plusieurs parties non coagula-

qui luy don-
ne la puissan-
ce de com-
primer les
corpuscules
qui sont im-
penetrables.

bles, ſe ſeparant des autres leur donnent moyen de s'amaſſer en pluſieurs
figures irregulieres ; & cela ſe fait ainſi,
parce que l'attache que leurs parties
ont les unes aux autres par le froid, les
empeſche d'obeïr à la partie ſubtile de
l'air qui les pouſſe.

Il faut encore conſiderer que l'extreme ſubtilité de cette partie de l'air,
empeſche que ſon extreme peſanteur
ne pouſſe les autres corps en haut,com-
me elle feroit ſans cela : car de meſme
que ſi l'on plongeoit dans l'eau une é-
ponge que l'on auroit renduë impenetrable à l'eau en l'enduiſant de cire par
le dehors, il arriveroit qu'elle remonte-
roit ſur l'eau, à cauſe de la grandeur du
volume ; & qu'au contraire la meſme
éponge ſans cette cire quoy que plus
legere en cet eſtat, ne laiſſeroit pas
de demeurer au fond de l'eau, parce
qu'elle en auroit eſté penetrée ; par la
meſme raiſon tous les corps eſtant penetrez par la partie ſubtile de l'air, ils
ne ſont point pouſſez en haut par ſa
peſanteur ; parce que la peſanteur de
chacun des corpuſcules qui compoſent
les corps, eſt egale à proportion de leur
grandeur,à la peſanteur des corpuſcules
qui compoſent la partie ſubtile de l'air.

La partie
ſubtile à en-

Dans la partie ſubtile de l'air outre

fa subtilité & fa pefanteur qui font presque extremes, j'ay encore suppo-fé une incapacité d'eftre comprimée. Cette qualité eft une suitte neceffaire des autres que l'on y suppose : Car de mefme que la partie groffiere eft com-preffible, parce que chaque petit corps qui la compose eftant auffi composé de corpuscules joints enfemble par quel-ques endroits, & feparez par d'autres, il s'enfuit que les parties efloignées peuvent fe raprocher & celles qui font jointes fe feparer ; Et c'eft là la manie-re qui rend un corps compreffible. Par la mefme raifon, la partie subtile ne fçauroit eftre comprimée, parce que n'eftant composée que de corpuscules fpheriques tous d'une mefme efpece, ils font tousjours joints autant qu'ils le peuvent eftre les uns aux autres par leur pefanteur ; outre que leur nature indivifible, c'eft à dire incapable d'eftre actuellement divifée ou rompuë repu-gne abfolument à la feparation des parties laquelle eft requife pour la com-preffibilité.

Or, on ne pretend pas, que l'indi-vifibilité que l'on suppose dans les cor-puscules foit une indivifibilité phyfi-que, il suffit qu'elle foit morale, c'eft à dire qu'il n'eft pas concevable qu'el-

core une in-compreffibi-lité extreme.

Quelle eft l'indivifibili-té des cor-puscules.

le puisse jamais arriver , parce que les raisons qui rendent les autres corps moralement divisibles ne se rencontrent point dans les corpuscules , ainsi qu'il sera expliqué dans la suite. Il suffit pour le present que l'indivisibilité repugne à la compressibilité.

A l'égard des conjectures qui peuvent fonder la troisiéme hypothese , je dis que si l'on suppose que tous les corps sont composez de corpuscules indivisibles , c'est à dire incapables d'estre actuellement divisez, ils doivent avoir une figure certaine & immuable puisqu'elle ne peut estre changée que par la division qui arriveroit à leurs parties , qui pour donner une autre figure à tous les corpuscules devroient changer de place. Joint que ces corpuscules estant établis comme les elemens des autres corps , ils doivent estre des choses simples , c'est à dire exemptes d'une composition qui soit de la nature de celle dans laquelle ils entrent : Et il faut concevoir que de mesme que le quart d'une lettre , n'est point une lettre , & qu'une lettre est autrement composée de ses quatre quarts qu'un mot ne l'est de quatre lettres ; les parties aussi que l'on pourroit assigner dans un corpuscule ne seroient point un corpuscule

qui puſt eſtre l'élement des corps compoſez de corpuſcules , ce qui ſera encore cy-apres éclaircy plus particulierement.

La quatriéme hypotheſe, de meſme
que la troiſiéme ne peut pas eſtre appuyée par des faits ſenſibles ; mais il
n'y en a point auſſi qui y repugnent, &
l'on peut dire que c'eſt une choſe concevable que des corps qui ont des faces
plattes & polies ſe peuvent approcher
d'aſſez prés par ces endroits, pour faire
que d'autres corps quoyque tres-petits
ne le ſoient pas encore aſſez pour s'introduire entre ces deux faces , qui ſont
jointes ſi exactement.

Dans ces hypotheſes ainſi expliquées
& renduës autant probables que con-
cevables, il n'eſt pas difficile de trouver
le fondement des deux principes pro-
poſez dés le commencement pour l'U-
nion & pour la Reünion des parties
dont les corps durs & qui font reſſort
font compoſez : Car le principe Interne qui eſt la diſpoſition des particules,
dépend de leur figure, qui à proportion qu'elle eſt plus propre à cette
Union , à cauſe des faces plattes par
le moyen deſquelles l'application des
corps ſe fait plus parfaitement , elle
rend leur ſeparation plus difficile , en

forte qu'elle se fait avec plus de difficulté plus les faces sont plattes & polies. La cause Externe est la pesanteur
de la partie subtile de l'air , qui comme
elle penetre par sa subtilité les intervalles qui sont entre les corpuscules , elle
est aussi arrestée par leur solidité impenetrable : & cela fait qu'elle les pousse
& les attache les uns aux autres par l'effort de l'impulsion que cause sa pesanteur.

De quelle maniere la pesanteur est cause de la compression de tous sens

Supposé donc que tous les corps soient
composez d'une quantité presque infinie de petits corpuscules , ainsi qu'il a
esté dit ; Il est aisé de concevoir que ce
qui joint & serre ces corpuscules les
uns contre les autres , est la cause de la
dureté & du ressort ; & que l'on peut
trouver une cause évidente de l'impulsion qui fait ce serrement & cette
compression , dans la pesanteur & l'incompressibilité de ce qui environne les
corpuscules , qui ne peut permettre
leur separation qu'à un effort capable
de surmonter une resistance aussi grande qu'est celle de la pesanteur de la partie subtile de l'air : par ce qu'ayant une
estenduë immense au dessus de nous , &
estant composée de parties qui se touchent immediatement, qui ont de la pesanteur & qui sont incapables de com-

preſſion, elle s'oppoſe à cette ſeparation, & y fait plus ou moins de reſiſtance à proportion de la grandeur &
du nombre des parties qui doivent eſtre
ſeparées. Enfin la Peſanteur eſtant une
puiſſance perpetuelle & inſeparable de
tous les corps, elle doit apparemment
ſervir à eſtablir leurs plus ordinaires
affections, telles que ſont la Dureté
& le Reſſort : car ny les crochets, ny
les fibres rameuſes que l'on peut imaginer pour cela, n'y ſçauroient eſtre
propres ; parce qu'il eſt neceſſaire que
les parties qui compoſeroient ces crochets & ces branches, euſſent une inſe-
parabilité de leurs parties, qui demanderoit d'autres crochets & d'autres
branches, ce qui iroit à l'infiny.

Et il ne faut pas dire que le meſme
inconvenient ſe rencontre dans les corpuſcules, que j'eſtablis comme les éle-
mens de tous les corps, & que je ſuppoſe indiviſibles : car rien ne peut eſtre
dit indiviſible que par rapport aux cauſes de la diviſion ; & ainſi il eſt aiſé de
concevoir que des corpuſcules qui ont
une figure ramaſſée telle qu'eſt celle
qui approche de la ſpherique ou de la
cubique, & dans leſquels la compreſſion de la partie ſubtile de l'air augmente l'étroitte union des parties, reſiſtent

& de l'indi-
viſibilité des
corpuſcules.

plus puiſſamment aux cauſes de la diviſion, que des corpuſcules crochus ou
branchus, qui ont une figure longue &
eſtroite, dont l'uſage eſt de tirer les uns
contre les autres, & qui lors qu'on les
tire n'ont pas une cauſe qui s'oppoſe
à leur rupture, comme les corpuſcules
trappus en ont une dans mon hypotheſe; où la compreſſion de l'air, qui fait
la jonction des corpuſcules, reſiſte en
meſme-temps & à la ſeparation d'un
corpuſcule d'avec un autre, & à la ſeparation que l'on pourroit ſuppoſer ſe
devoir faire des parties de chaque corpuſcule, lors qu'on fait effort pour rompre & pour caſſer un corps ſolide, dans
la compoſition duquel il entre. La raiſon de cela eſt que pour peu que chaque corpuſcule ait de repugnance en
luy-meſme à la ſeparation des parties
qu'on y peut concevoir ou aſſigner,
mais qui n'y ſont actuellement jamais
ſeparées; il eſt evident qu'il reſiſtera
toujours aux efforts qui le peuvent caſſer; parce que ces efforts produiront
plûtoſt la ſeparation des corpuſcules
qui ne ſont que contigus, que celle des
parties du corpuſcule qui eſt continu;
la compreſſion qui fait reſiſter un corpuſcule à ſa ſeparation d'avec un autre, reſiſtant auſſi à la ſeparation des

parties de chaque corpuscule , outre
la resistance que la continuité y apporte. Or j'entens par continuité la jonction
des corps dont les parties se touchent
par autant de faces plattes qu'il est
possible ; & elle ne differe de la contiguité , selon moy , qu'en ce que la contiguité n'est la jonction que de tres-peu
de faces plattes. Il faut donc supposer
qu'il y a des corpuscules si petits &
dont les parties sont tellement jointes
par des faces tres-plattes qu'ils ne peuvent estre divisez par les causes ordinaires de la division des corps dont ils
sont composez , & que s'il s'en rencontre quelques-unes qui la puissent faire ,
ce sont apparemment celles qui cau-
sent l'ignition , ainsi qu'il sera expliqué
ailleurs.

Mais parce que la pesanteur que chaque corps a en son particulier , ne les
attache les uns aux autres que lors
qu'ils sont d'une grandeur considerable , & qu'elle ne resiste pas à la separa-
tion qui se fait de tout sens, mais seulement à celle qui se fait de bas en
haut ; Il est evident qu'il faut encore
avoir recours à une pesanteur commune, qui presse également tous les corps,
& de tous sens , telle qu'est celle de la
partie subtile de l'air : Car de mesme

que la pefanteur de l'air groffier , de l'eau & de tous les autres corps fluides a cela de propre , qu'elle preffe égalcment de tous coftez les corps qui y font plongez ; en forte que l'air pouffé par fa pefanteur n'a pas plus de difficulté à entrer dans un foufflet par deffous, que par deffus , quand on l'ouvre ; & que l'eau auroit auffi bien la force d'enfoncer un coffre plongé au fond de la Mer & d'entrer dans fa cavité par le deffous,que par le deffus ; la partie fubtile de l'air preffe auffi par fa pefanteur avec une telle égalité tous les corpufcules dont les corps font compofez , que deux corpufcules , qui eftant exactement polis font difficiles à feparer , refiftent egalement à cette feparation de quelque fens qu'on les tire.

qui doit faire fur les cor-pufcules

Mais dira-t-on comme l'eau reprefente affez bien cette partie fubtile de l'air que l'on fuppofe comme elle, eftre fluide , pefante & incompreffible , elle devroit faire fur les corps qu'elle environne les effets que l'on attribuë à cette partie fubtile de l'air , ce qui ne fe trouve point : car l'eau au lieu d'endurcir les corps qui y font plongez , en pouffant par fa pefanteur les particules dont ils font compofez , elle les fepare au contraire & elle les diffout , fa

pefanteur la faifant feulement entrer
dans les intervales des particules des
corps qu'elle preffe & qu'elle environne, & qu'elle ne pouffe point les uns
contre les autres.

Pour refpondre à cette objection, il
faut confiderer que l'eau ne diffout que
les corps dont les parties font mal jointes & ne fe touchent pas avec un affez
grand nombre de faces plates, pour
empefcher que leur pefanteur ne fur-
monte celle de l'eau, qui eft toûjours
moins pefante que les corps plongez
qu'elle environne : car il eft conftant,
que quand les faces plates font en nombre fuffifant, l'eau bien loin de feparer
les parties des corps, a vifiblement le
pouvoir de les ferrer & de refifter à
leur feparation. On en peut faire aifement l'experience, & voir combien il
eft difficile de feparer deux corps, dont
les furfaces font plates & tres-polies
lors qu'ils font plongez bien avant dans
l'eau, & comment dans l'air qui n'eft
pas fi pefant, ils fe feparent avec beaucoup moins de peine.

Car quoy qu'on ne voye ordinairement cet effet de la compreffion de
l'eau, que fur des corps qui font grands,
& que l'on a polis avec beaucoup de
foin, il n'y a rien qui doive empefcher

de croire que la mesme chose ne se pust faire dans des corps plus petits s'ils avoient des faces polies à proportion de leur petitesse : & il faut supposer que cela se rencontre ainsi dans les corpuscules des corps que la nature endurcit, ainsi qu'il sera expliqué dans la suite.

Il est donc vray, que de mesme, que la pesanteur de l'eau s'oppose à la separation de deux corps parfaitement polis, parce que cette separation ne sçauroit se faire qu'en repoussant l'eau & forçant la resistance qu'elle y apporte par sa pesanteur, on peut dire avec raison, que la difficulté qu'il y a de separer deux corpuscules, quand ils sont joints par des faces tres-plates, n'a point d'autre raison que la necessité qu'il y a d'élever & de repousser la masse de la partie subtile de l'air qui environne ces corpuscules.

Neanmoins, pour bien comprendre cette raison, il faut entendre, que cette difficulté vient de ce que les corpuscules qui composent la partie subtile de l'air, ne sont pas encore assez subtils & deliez, pour entrer entre les deux corpuscules polis ; Et qu'afin de les éloigner assez l'un de l'autre, pour laisser passer ces corpuscules de l'air,

il faut forcer la pesanteur de toute la
masse de l'air qui s'oppose à cet eloi-
gnement , & l'élever du moins jusqu'à
l'épaisseur qui égale la grosseur des
corpuscules de l'air. Car si l'on se represente que les corpuscules polis sont

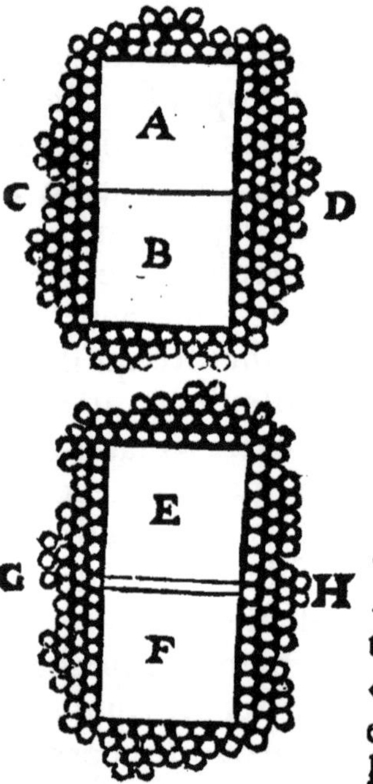

A & B , & que
les corpuscules
dont l'air subtil
est composé sont
C , & D ; il est
évidẽt, que pour
separer les cor-
puscules A B
l'un de l'autre ,
il y a un temps
auquel il les faut
éloigner , sans
que les corpus-
cules de l'air C
D , puissent en-
trer entre-deux;
& que pour les
éloigner comme
le corpuscule E,
l'est du corpus-
cule F , il faut écarter tout l'air dont
ils sont pressez , de la valeur de toute
la distance qui est entre le corpuscule
E , & le corpuscule F ; c'est à dire de
ce qui devroit remplir l'espace qui est

entre deux, qu'il faut ſuppoſer vuide des corpuſcules qui font la partie ſubtile de l'air, & ſeulement remply de ceux dont la ſubſtance Etherée eſt compoſée. Ce qui eſt ſi vray, que l'experience fait voir que la difficulté de cette ſeparation eſt proportionnée à la grandeur de la ſuperficie des corps qui ſe touchent immediatement, parce que plus elle eſt grande & plus il faut écarter d'air en les ſeparant. On en peut faire l'experience dans l'air, ſur des corps d'une grandeur conſiderable, où il faut concevoir que les particules de la partie groſſiere de l'air ſont à l'égard de ces corps, ce que les particules de la partie ſubtile de l'air ſont à l'égard des corpuſcules dont les corps ſont compoſez. Par exemple, les corps qui ſe peuvent toucher par des ſuperficies fort grandes comme N O écartent une grande quantité d'air, ſçavoir celle qui devroit eſtre dans l'eſpace I K qui eſt entre deux : mais les petits corps comme L M, n'écartent que la quantité qui devroit eſtre dans le petit eſpace P Q, qui eſt entre deux. C'eſt ce qui fait que la pointe d'une éguille quoy qu'elle touche immediatement à un plan, ny demeure pourtant pas attachée ; parce qu'elle n'y touche qu'en un

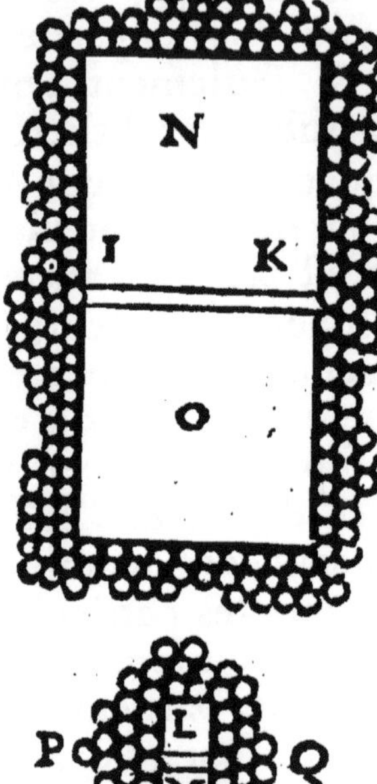

un endroit si pe-
tit qu'il n'y a pas
assez d'air à re-
pousser, & dont la
pesanteur soit ca-
pable de resister
à celle de toute
l'éguille qui l'é-
porte. Mais la
resistance de cet-
te mesme petite
portion d'air est
assez considera-
ble dans un grain
de farine ou de
poussiere, à pro-
portion de sa pe-
santeur, pour la
tenir attachée au
mesme plan, & pour empescher que sa
pesanteur ne l'entraisne.

J'ay fait une autre experience avec
le mercure qui a quelque chose encore
de plus sensible, & qui est plus facile
que celle qui se fait dans l'air : car ayant
plongé dans le mercure deux corps
quoique grossierement polis, j'ay trouvé qu'ils ne laissent pas d'estre difficiles
à separer, & ils le sont aussi plus à proportion qu'ils sont plus grands & plus
polis, & que le mercure est plus haut

Tome I.   B

de mesme
que le *Mer-*
cure.

& en plus grande quantité au dessus des corps polis : Et la raison qui fait qu'il n'est pas necessaire que ces corps soient si polis, que ceux dont on fait l'experience dans l'air ; est que les particules du mercure ne sont pas si subtiles que celles de l'air grossier, ou du moins parce qu'elles ont quelque disposition qui repugne à l'introduction qui est plus facile à l'air, parce qu'il est plus fluide.

Cette experience confirme les conjectures que celle qui se fait dans l'air a fournies, pour faire juger que c'est la pesanteur de la partie grossiere de l'air, qui serrant les deux corps polis, rend leur separation difficile ; parce qu'il n'est pas possible de douter que ce ne soit la pesanteur du mercure qui produit un pareil effet, par la raison qu'à mesure qu'on augmente la hauteur & la quantité du mercure dans cette seconde experience, les corps polis sont plus difficiles à separer. Mais ces deux experiences portent insensiblement l'esprit à trouver de l'apparence à penser que la Dureté des corps peut estre attribuée à la compression par laquelle un corps pesant & fluide agit sur les corpuscules dont les corps sont composez, de la mesme maniere que l'on voit que le mercure & l'air grossier agissent sur les corps dont les faces sont plattes & polies.

On peut donc concevoir que tous les corps sont serrez les uns contre les autres, avec une force qui est egale à la pesanteur de toute la partie subtile de l'air, qui apparamment s'estend infiniment par delà la partie grossiere que nous respirons ; Que les corps qui se separent aisement les uns des autres le font par la facilité qu'ils donnent à d'autres corps de prendre la place qu'ils quittent ; & que pour les faire éloigner les uns des autres sans qu'un autre corps prenne la place qu'ils quittent en s'éloignant, il faut forcer la resistance que la pesanteur de la partie subtile de l'air y apporte ; bien entendu que quand on dit que ces corps s'éloignent & se separent sans qu'un autre prenne la place qu'ils quittent, on ne pretend parler que de ceux qui ont de la pesanteur, du nombre desquels on excepte le corps Etheré, qui est celuy qui prend la place que les autres occupoient, quand ils se retirent, ou quand ils ne peuvent entrer dans les espaces qui se forment entre les corpuscules qui sont separez les uns des autres dans l'effort qu'ils souffrent lors que les corps qui

I I I.
Application des hypotheses pour l'explication generale du Ressort & de la Dureté.

B ij

font ressort sont pliez, étendus, comprimez ou redressez.

Mais il faut supposer, ainsi qu'il a
esté dit, que cette faculté d'avoir ressort se trouve mesme dans les plus petites parties que l'on puisse separer des
corps, & concevoir que mesme celles
qui composent l'air grossier ont ressort,
soit qu'elles soient comme les raclures
des corps solides, qui sont de nature à
faire ressort, ou qu'elles soient des
corps d'une nature particuliere ; parce
que toutes petites qu'elles sont, estant
composées d'autres plus petites particules, elles peuvent estre pliées : Et
que la partie subtile de l'air les force
par sa pesanteur à retourner en leur
premier état ; d'où vient que l'air est
compressible & qu'il fait ressort ; car il
revient apres avoir esté plié ; parce que
les petites particules dont chaque ra-
clure est composée, sont poussés &
raprochés les unes des autres par la
partie subtile & pesante de l'air, quand
par quelque puissance externe, elles
ont esté comprimées & flechies. Ainsi
lors que la partie grossiere de l'air est
comprimée dans une arquebuse à vent,
elle fait un grand effort contre le piston
qui la presse à cause de la pesanteur de
la partie subtile de l'air, qui passant au

travers du corps de pompe & du piston tend à remettre en leur premier estat, toutes les particules qui composent l'air grossier ; Et quand dans la machine du vuide, on a osté en pompant la plus grande partie de l'air grossier qui y estoit enfermé, ce qui y reste s'élargit & s'étend, parce qu'il en a la liberté qu'il n'avoit pas quand il a esté enfermé, parce qu'alors il estoit comprimé par le poids de tout l'autre air qui estoit à l'entour & au dessus ; & cela arrive de la mesme maniere que si l'on ostoit une esponge du fond d'un puis sans eau qui en auroit esté remply : Car cette esponge resserrée & rapetissée par la compression des autres esponges qu'elle soustenoit, s'estendroit & occuperoit beaucoup plus de place qu'elle n'occupoit au fond du puis.

Il reste à expliquer un peu plus au long par quelle raison il se trouve des corps qui se separent aisement, & d'autres qui ne le font qu'avec difficulté ; quoique la compression de la masse de l'air soit egale aux uns & aux autres : Cette raison n'est rien que la differente application des corpuscules, selon les diverses figures des parties par lesquelles ces corpuscules se touchent, qui rendent l'introduction de la partie sub-

tile de l'air plus ou moins aiſée : car bien
qu'une egale peſanteur ſerre tous les
corpuſcules les uns contre les autres,
tant ceux qui compoſent les corps aiſez à rompre que ceux qui compoſent
les plus durs, il eſt évident que ceux
qui ſont durs eſtant compoſez de corpuſcules qui ſe touchent par un grand
nombre de faces plates & droites, ils
ne peuvent eſtre rompus que par la ſeparation des corpuſcules, ce qui ne ſe
fait qu'avec beaucoup de difficulté,
parce qu'il faut forcer une reſiſtance
proportionnée à la multitude des faces
qui ſe touchent, ainſi qu'il a eſté expliqué ; mais les corpuſcules qui compoſent les corps aiſez à ſeparer, ayant
des faces inégales, & parconſequent
ne ſe touchant que par peu d'endroits
ne forcent en ſe ſeparant qu'une tres-
petite reſiſtance.

Comment
cette com-
preſſion cau-
ſe l'union
des corpuſ-
cules.

Mais je ne dois pas aller plus avant
ſans lever une difficulté que l'on pourroit trouver dans l'effet de la compreſſion que je ſuppoſe, comme la cauſe
de la dureté qui arrive aux corps qui ne
l'avoient pas : car on peut dire que les
corps eſtant mols ou fluides par l'inter-
poſition des corpuſcules ſpheriques &
coulans qui ſont entre les faces plates
des corpuſcules dont la jonction doit

produire la dureté, il n'est pas aisé de concevoir comment la compression de la partie subtile de l'air peut pousser assez fort ces corps à faces plates pour faire qu'elles se joignent immediatement : parce qu'il est necessaire que les corpuscules interposez soient exclus & chassez d'entre ces faces plates ; ce qui ne semble pas possible parce que la mesme pesanteur de la partie subtile de l'air qui travaille à cette exclusion en pressant les corpuscules qui se doivent joindre, doit empescher la sortie des corpuscules coulans qu'elle presse aussi avec la mesme force.

Pour resoudre cette difficulté il faut considerer que pour faire qu'un corps s'endurcisse il est toujours necessaire de supposer une puissance extraordinaire qui donne un mouvement aux corpuscules interposez & par lesquels la jonction des faces plattes qui doivent procurer la dureté est empeschée : & il n'est pas difficile de concevoir que ce mouvement est capable de leur faire surmonter la resistance & l'empeschement que la pesanteur ordinaire de la partie subtile de l'air peut apporter à leur sortie d'entre les faces plates. Et c'est ce qui fait que les petits corps ne sont point ramassez les uns contre les

autres par la pesanteur de l'eau dans
laquelle ils sont plongez ; parce qu'une
partie de l'eau qui les environne, sçavoir celle qui les separe les uns des
autres est autant pressée par toute la
masse de l'eau que les petits corps le
font : mais il n'y a point de doute que
si par quelque cause que ce soit il arrive que les parties de l'eau interposée
acquierent quelque nouvelle mobilité,
elles peuvent se glisser entre les parties du reste de l'eau qui presse les petits corps , & qui peut alors les faire
approcher en chassant & exprimant les
parties interposées.

Pour ce qui est des causes qui peuvent donner aux corpuscules interposez ce mouvement favorable à leur exclusion , elles peuvent estre reduites
sous deux especes sçavoir une forte
compression telle qu'est celle que la
forge & l'ecroüissement peuvent cau-
ser, & une puissante rarefaction telle
qu'est celle que le feu est capable de
produire ; ce qui va estre expliqué par
l'application particuliere qui sera faite
de ces causes aux differentes manieres
d'endurcissement , & en faisant voir
enquoy consiste l'extreme Dureté des
corps , leur Mollesse qui est une dureté
mediocre , leur Fluidité qui est la qua-

lité la plus opposée à la dureté, leur Viscosité, leur Friabilité, & les autres qualitez composées de la Dureté & de la Mollesse.

JE dis donc que les corps sont parfaitement Durs, quand la plus grande partie des faces des corpuscules sont parfaitement plates, & appliquées si immediatement les unes aux autres, qu'il faut faire violence à la masse de l'air subtil en une infinité d'endroits qui sont joints & serrez ensemble.

Les corps Mols ou mediocrement durs sont ceux qui sont joints par peu de faces plates. Ainsi il faut concevoir qu'il y a par exemple cent fois plus de ces faces jointes dans un petit diamant, à proportion de sa grandeur, que dans une grande pierre de taille. Les corps Liquides, qui sont opposez aux durs, n'ont aucunes de ces faces plattes qui soient appliquées les unes aux autres, mais il y a entre deux des corpuscules spheriques & glissants, par la raison qu'ils ont tres-peu de faces plates, qui empeschent non seulement que ces faces se puissent joindre pour produire la dureté, mais mesme qui rendent les corpuscules à faces plates plus mobiles. Ainsi quelques-uns des corps liquides

B v

I V.
Application des hypotheses pour l'explication particuliere de quelques-uns des phenomenes du ressort & de la dureté.

Ce qui fait l'extreme dureté & la mollesse.

Ce qui fait la liquidité.

s'epaisissent par l'action de la chaleur, à cause qu'elle en fait sortir les corpuscules spheriques qui causoient cette mobilité; c'est à dire que ces corps spheriques estant rendus plus mobiles qu'ils n'estoient, ils font perdre la mobilité qu'ils causoient aux corpuscules à faces plates ; parce que cette mobilité des corps spheriques & coulans rend leur exclusion plus facile, & cette exclusion donne lieu à la jonction des faces plates.

Ce qui fait la friabilité. Les corps Friables sont ceux dans lesquels ces parties sont inegalement appliquées : car cela fait qu'estant forcez & tirez ils se rompent facilement, sçavoir par la partie où les corpuscules sont joints moins exactement ; parce que c'est sur cet endroit que tout l'effort agit. *Ce qui fait la viscosité.* Les corps Visqueux ou gluans au contraire sont ceux où les parties sont appliquées avec une égalité qui fait que n'y ayant point de raison pourquoy les unes se separant plutost que les autres elles resistent à la separation, en suivant & en obeïssant à l'effort ; parce que n'estant pas jointes si immediatement qu'elles sont dans les corps durs, elles souffrent toutes une demie separation, telle qu'est celle qui arrive aux corps qui font ressort : aussi voit-on

que les corps gluans ont une espece de
ressort. Or les choses friables deviennent visqueuses lors qu'estant paitries
& corroyées on donne moyen aux faces plates des corpuscules qui estoient
separées, de se joindre & de s'appliquer
en tant d'endroits qu'elles ayent cette
union égale & uniforme qui produit la
viscosité, c'est ce qui fait que la paste
mal paistrie se romp, & que celle qui a
esté long-temps paistrie se tire, se file,
& est gluante.

Ainsi les causes qui peuvent procurer
une application plus immediate de faces plus droites, plus egales, & en plus
grand nombre sont celles qui rendent
les corps plus durs, moins divisibles, &
plus capables de faire ressort. Car soit
que la forge ou l'ecroüissement endurcisse les metaux; soit que ce soit la fonte; cela arrive dans ceux que la forge
& l'ecroüissement endurcissent, comme le fer, le cuivre, l'argent, l'or, &c.
parce que la forte compression du marteau fait joindre ensemble un plus grand
nombre de ces faces, par lesquelles les
particules se touchent & fait sortir les
particules glissantes interposées; &
dans ceux que la fonte rend plus fermes, comme le plomb, l'estain, &c.
cela se fait parce que la fluidité de la

Pour quelle
raison cer-
tains corps
sont endur-
cis par la
forge, par
l'ecroisse-
ment, & par
le corroye-
ment.

Par la fonte.

B vj

fonte donne une liberté aux particules glissantes de sortir, & aux particules à faces plates de s'appliquer par des faces plus plates & en plus grand nombre, & qu'aucontraire lorsque le froissement ou l'ecroüissement rend les metaux moins fermes & les amollit, c'est qu'il corromp cette application en mélant les parties qui sont de nature fluide, parce qu'elles n'ont que peu ou point de ces faces plates avec celles qui en ont beaucoup, & faisant par ce moyen que les fluides qui sont subtiles, estant interposées entre les autres empeschent la jonction de la pluspart de leurs faces; d'où il s'ensuit que les corps qui s'amollissent & perdent leur ressort par le froissement & le corroyement, comme le cuir, la cire, la terre grasse, l'estain, le plomb, &c. ont une grande quantité de ces parties fluides renfermées dans des intervales spongieux, qui lors qu'on les corroye & qu'on les bat se meslent par tout, à cause du froissement qui separe les parties dont les faces estoient appliquées les unes aux autres avant qu'on les eust froissées, & qu'aucontraire les corps qui s'endurcissent par le froissement font destituez de ces parties fluides; de sorte que le froissement ne pouvant

Ce qui fait que les mesmes causes qui endurcissent certains corps, en amollissent d'autres.

procurer ce melange de parties fluides,
qui amollit; ne fait autre chofe qu'appliquer plus de faces, & les joindre plus
exactement les unes aux autres.

C'eſt par cette meſme raiſon, que le
bois ſec eſt plus roide & fait plus reſſort
que le vert, par l'evaporation des parties humides & gliſſantes, qui empeſ-
choient la jonction des ſolides lors qu'il
eſtoit verd. Et il faut entendre que cette evacuation des parties gliſſantes eſt
facilitée par les cauſes de ratefaction qui
ſe rencontrent dans le bois qui ſe ſeche,
leſquelles dependent principalement
d'une fermentation, dans laquelle les
parties gliſſantes ſont agitées & par conſequent diſpoſées à leur excluſion, que
cauſe la compreſſion de la partie ſubtile de l'air.

Ce qui fait que le bois ſec eſt plus dur que le vert, & a plus de reſ-ſort.

Par une raiſon contraire le fer chaud
ne fait point reſſort à cauſe du meſlange
des parties fluides & gliſſantes, que le
feu y a introduites, & par le mouvement
qu'il donne à celles qui y ſont déja; Et
quand il eſt refroidy à loiſir, il a peu de
reſſort; parce que quelque choſe de la
molleſſe qu'il avoit eſtant chaud, luy
demeure, lors qu'en refroidiſſant à meſure que les parties les plus liquides
s'envolent; leur place eſt remplie par
d'autres corps moins liquides, mais qui

Ce qui fait que le fer chaud ne fait point reſſort.

ne laissent pas de l'estre encore assez
pour empescher la jonction intime des
faces plattes des corpuscules, dont il est
composé.

Qu'il s'en-
durcit estant
batu à froid,
&

Le fer, le cuivre, l'or & l'argent s'endurcissent estant battus à froid, parce
que les corps liquides & glissans qui sont
restez, estant chassez & exprimez à coup
de marteau, les faces plattes s'unissent
immediatement.

par la trẽpe,

L'Acier s'endurcit par la trempe, parce que l'eau faisant cesser l'action du
feu qui par l'introduction & l'agitation
des parties liquides avoit écarté les parties de l'acier. Ces parties qui sont encore molles & mobiles, s'approchent
& se joignent necessairement par la
compression que cause la partie subtile
de l'air, à laquelle le feu avoit fait violence, & qui lors que l'action du feu est
empeschée par l'eau qui l'etouffe, re-
commence à produire son effet de dureté : Mais cette compression produit
plus parfaitement son effet sur l'acier
rougi, qu'elle ne faisoit avant qu'il fut
mis au feu ; à cause de la facilité que
l'agitation du feu donne aux parties du
metal, de s'appliquer les uns aux autres par leurs faces plattes, & d'expri-
mer les particules glissantes que le feu
a rendu plus mobiles.

Pour estre assuré que l'acier s'enfle
par la trempe, j'ay fait faire dans une
lame de fer un trou rond & parfaitement juste pour recevoir un fil d'acier,
qui ayant esté coupé en deux, & l'un
des morceaux ayant esté trempé, n'a
pû passer par le trou, dans lequel il en-
troit avant que d'avoir esté trempé ; Et
où l'autre morceau qui n'estoit point
trempé passoit aussi fort aisement.

Or, l'acier s'enfle par la trempe, à
cause que le refroidissement soudain
qu'elle luy cause, fixe toute sa masse
qui s'estoit gonflée par le feu, & la fait
demeurer en cét état : Car quoy que
l'endurcissement qui arrive par la trempe, soit attribué à la compression, &
qu'il s'embleroit que cette compression
le devroit retressir ; neanmoins il faut
entendre qu'elle n'agit que sur les parties & non sur toute la masse, qui devient comme spongieuse par la jonction
de quelques-unes des parties, & par la
separation de quelques-autres ; ce qui
se connoist par le grain de l'acier, qui
est autre apres la trempe que devant. La
raison de cela n'est pas difficile à concevoir, si l'on se souvient que l'on a supposé que la partie subtile de l'air, qui
par sa compression produit la dureté,
penetre sans resistance les pores qui

laquelle
augmente
son volume.

ſont dans tous les corps, par leſquels l'air groſſier ne paſſe point ; & qu'elle peut aiſement élargir ces pores par la compreſſion, qui amaſſe par grains & par fibres toutes les particules qui ſe touchent par des faces plattes. Mais il faut concevoir que cét amas des parties de l'acier qui forme les fibres & le grain qui ſe remarque dans l'acier trempé, ne ſe fait qu'apres que toutes ces parties ont eſté élargies & un peu ſeparées les unes des autres par la rarefaction que le metail ſouffre eſtant échauffé : Car venant à eſtre fixé par la ſoudaine ceſſation de l'action du feu, il demeure & s'endurcit en cét état ; ce qui ne luy arrive pas lors que ſe refroidiſſant à loiſir, les parties rarefiées qui le gonfloient pendant qu'il eſtoit rouge, en ſortent inſenſiblement, & celles qui ſont gonflées retournent auſſi inſenſiblement & facilement à leur premier état, à cauſe qu'elles ſont encore long-temps molles & flexibles. C'eſt pourquoy les ouvriers qui veulent que l'acier qui a eſté rougi, ne s'enduxrciſſe pas en ſe refroidiſſant, ont ſoin de faire qu'il ſe refroidiſſe à loiſir, & le laiſſent dans les charbons toute une nuit, juſques à ce qu'ils ſe ſoient eteints d'eux-meſmes, & que la cendre ſoit refroidie.

Ce qui fait que le fer recuit eſt moins dur.

Pour expliquer de quelle maniere
l'eau & les liqueurs aqueuses s'endurcissent par le froid, qui est une matiere
assez obscure, j'ay besoin d'établir quelques hypotheses: Je suppose donc, que
generallement tous les corps souffrent
une evaporation continuelle de leur
portion la plus subtile & la plus volatile, qui est ce dont presque tout la partie grossiere de l'air est composée ; &
qu'en mesme temps les corps reçoivent
aussi quelque chose de cette masse d'e-
vaporation dont ils se remplissent, n'admettant ordinairement que ce qui est
semblable à leur nature, & recevant
neanmoins quelquefois des substances
differantes de la leur. J'appelle les corpuscules qui composent cette masse d'e-
vaporation, les corpuscules Propres &
particuliers quand ils sortent de chaque
corps; & je les appelle les corpuscules
Communs lors qu'ils sont meslez ensemble & confondus dans cette masse.

Les conjectures que j'ay pour appuyer
cette hypothese sont premierement
qu'on voit que des corps deviennent
pluspesants & contractent d'autres qualitez qui ne peuvent estre attribuées qu'à
l'introduction de quelque nouvelle substance qu'ils reçoivent de l'air ; secondement qu'il est assez difficile sans cette

Ce qui fait
que l'eau
s'endurcit
par le froid.

hypotheſe, d'expliquer par quelle raiſon des corps auſſi rares & auſſi peu ſub-
ſtantiels que ſont la plufpart des choſes
odorantes, exhalent ſi long-temps leur
odeur ſans qu'elle s'épuiſe; au lieu qu'il
y a quelque raiſon de croire, que chaque corps prenant dans l'air & admettant par la diſpoſition particuliere de
ſes pores, une matiere approchante de
celle qu'il exhale, il peut aiſement entretenir ce flus continuel d'exhalaiſons
odorantes, dont la maſſe des corpuſcules Communs luy peut fournir la matiere puis qu'elle eſt compoſée de toutes
ſortes de ſubſtances, entre leſquelles
chaque corps choiſit celle qui luy eſt
propre, par le moyen de la configuration particuliere de ſes pores qui a rapport à la figure des corpuſcules de la
ſubſtance qu'il doit recevoir : & cela
fait que les corps odorans perdent enfin leur odeur à cauſe de la repaſſion
qu'ils ſouffrent par l'action des exhalaiſons qu'ils reçoivent de l'air, leſquelles n'eſtant pas entierement ſemblables
à celles qu'ils exhalent, changent inſenſiblement la configuration des pores : Car cela fait qu'à la fin, ils ne peuvent plus choiſir, comme ils faiſoient,
cette eſpece particuliere d'exhalaiſon.

Je ſuppoſe encore, que les cauſes qui

procurent plus ou moins cette evaporation & cette introduction des parties
volatiles, en dilatant les intervalles des
corpufcules, & pouffant ces parties volatiles capables d'eftre introduites, font
les caufes de la chaleur, de la fufion &
de lignition des corps, fuivant la plus
grande, ou la moindre force de ces caufes.

Cela eftant fuppofé, je dis, que les
corps font liquides par l'interpofition
des parties volatiles, que j'appelle corpufcules Communs, qui coullent & paffent au travers du corps, les uns for-
tant pour s'évaporer, & les autres entrant pour prendre la place de ceux qui
fortent. Car le flus continuel de ces parties volatiles empefche, que les particules plus groffieres ne fe puiffent appliquer par leurs faces plates, quoy
qu'elles foient pouffées & comprimées
pour cét effet, par la portion fubtile de
l'air, mais elles gliffent les unes fur les
autres de mefme que les pieds feroient
fur un plancher qui feroit femé de poix;
ou de mefme que l'on fait aifement gliffer de groffes pierres fur des rouleaux de
bois. Je dis encore, que les corps cef-
fent d'eftre liquides par les caufes qui
font ceffer ce flus. Car alors la pefanteur de la portion fubtile de l'air, com-

prime les parties groſſieres, & procure
l'application des faces plattes. Ainſi
quand l'air eſt mediocrement ſec, c'eſt
à dire lors qu'il eſt moins remply de ces
parties volatiles capables d'eſtre introduites dans les corps, les corps s'endur-
ciſſent, ou ſe diminuent à cauſe qu'ils
perdent plus de cette partie volatile
qu'ils n'en reçoivent. Mais quand l'air
eſt ſi ſec, & ſi dénué de cette partie vo-
latie, qu'il n'en entre plus du tout dans
les corps liquides, alors la peſanteur de
la partie ſubtile de l'air les comprimant
ſoudainement, les endurcit de la meſme maniere que le fer eſt durcy par la
trempe ; Mais il y a cette difference,
que l'eau n'augmente pas ſon volume
en ſe glaçant, comme le fer augmente
le ſien par la trempe ; parce que la congelation de l'eau ne ſe fait pas promptement, comme l'endurciſſement qui arrive au fer par la trempe : Car ſuppoſé,
que l'eau eſtant echauffée augmente ſon
volume comme le fer, la longueur du
temps qui eſt requiſe pour la glacer,
fait qu'elle revient à ſon premier volume avant que d'eſtre glacée.

On remarque pourtant pluſieurs choſes dans la congelation de l'eau qui peuvent faire croire qu'elle s'enfle, ſçavoir
la rupture des vaſes dans leſquels elle

se gele ; les bosses qui paroissent sur la surface de l'eau glacée au haut du vaisseau ; & les vuides qui la font paroistre spongieuse quand on la casse, & la font nager sur l'eau non glacée.

Mais ces phenomenes ne me semblent point convaincans, parce qu'on en peut rendre la raison sans recourir à l'augmentation du volume. A l'égard de la fracture qui arrive aux vases dans lesquels l'eau se glace, elle n'est pas un argument plus certain de l'augmentation du volume de l'eau, que du retrecissement du vase : car il est aisé de concevoir que le vase rencontrant l'eau incapable de compression, est contraint de se rompre lors que le froid le retrecit ; & cela arrive de la mesme maniere qu'on voit qu'un fil dont on lie un corps incapable d'en estre comprimé, se rompt quand on le serre bien fort ; & que de la boue dont un baston est couvert & environné se gerse & se fend lors qu'elle se retrecit en sechant, & pendant que le baston demeure en un mesme estat.

La bosse qui paroist ordinairement sur l'eau quand elle s'est glacée dans un vase, ne signifie pas aussi necessairement autre chose que le resserrement du vase, qui alors ne peut pas faire que

Ce qui fait casser les vases où l'eau se glace.

Pourquoy l'eau fait une bosse au haut des vases où elle se glace.

l'eau monte également & eleve toute
la ſurface qui eſt au haut du col du vaſe , à cauſe que dans le temps que ce
reſſerrement commence, cette ſurface
de l'eau commence auſſi à ſe glacer :
car il arrive alors que l'eau eſtant comprimée par le retreciſſement du vaſe,
& cette ſurface de l'eau qui commence
à ſe glacer eſtant comme un couvercle
du vaſe qui enferme & ſerre de fort
pres le reſte de l'eau non glacée , elle
eſt contrainte de ſouvrir & de laiſſer
paſſer quelque portion de l'eau qui n'eſt
pas encore glacée ; & cette eau ſortant
peu à peu à meſure que le vaſe s'etre-
cit , elle ſe repand tout au tour du trou
ou de la fente par où elle ſort , & ſe
glaçant à meſure qu'elle ſe repand, forme la boſſe dont il s'agit. Pour confirmer cette raiſon, il y a un autre experience qui eſt de percer avec une épingle la ſurface de l'eau quand elle commence à ſe glacer au haut du col du vaſe : car on voit qu'alors l'eau en ſort &
fait un petit jet ; ce qui ne peut pas apparemment arriver par une autre cauſe que par le reſſerrement du vaſe cau-
ſé par le froid.

Ce qui fait
que la glace
devient
ſpongieuſe.

A l'égard des cavitez qui rendent la
glace ſpongieuſe , elles ne ſignifient
pas une augmentation de volume com-

me les cavitez qui font des yeux dans
le pain le fignifient ; parce que la fermentation eft tout enfemble & la caufe
de l'enflure du pain & celle des cavitez qui le rendent fpongieux, le pain
ayant des cavitez, parce qu'il s'enfle &
fe dilate ; & la glace au contraire de-
venant fpongieufe parce qu'elle s'etre-
cit en dedans. Car les cavitez de la glace n'eftant l'effet que de la jonction des
particules qui s'approchent les unes des
autres peuvent aifement eftre entenduës fans l'enflure de la glace ; puifque cela fe fait de la mefme maniere
que quand le tartre & les parties les
plus groffieres du vin s'approchent les
unes des autres pour fe joindre enfemble & à la furface interne du tonneau :
car alors il fe forme une croufte qui
avec le vin qui refte au milieu, forme
un corps d'un volume égal à celuy que
tout le vin qui emplit le tonneau
avoit avant que le tartre fe fuft feparé
du refte du vin ; ou fi tout le volume eft
diminué dans la fuite par l'evaporation
de quelques-unes des parties du vin il
ne l'eft point par le dehors ; parce que
la croufte qui s'eft formée lorfque tout
le volume eftoit entier, demeure ferme
en fon premier eftat lorfque les parties
du dedans s'écoulent facilement à caufe
de leur mobilité.

Or , lorfque par la compreffion de la
partie fubtile de l'air les parties groffieres de l'eau viennent à fe joindre intimement par l'exclufion des particules fubtiles dont l'interpofition caufoit
fa fluidité , toutes ces particules fubtiles s'amaffent en un endroit & produi-
fent aifement ces cavitez lefquelles oc-
cupent de grands efpaces dont chacun
repond à un grand nombre d'autres petits efpaces qui eftoient entre ces particules de l'eau lorfqu'elle eftoit fluide.
De forte que de mefme que la conden-
fation qui arrive à l'eau quand elle fe
glace ne diminue point fenfiblement fon
volume total lorfque les parties groffieres de l'eau viennent à fe joindre , parce
qu'elles fe foûtiennent à peu prés comme les parties groffieres du vin quand
elles forment le tartre ; la rarefaction
qui luy arrive auffi en quelque façon
par les fpongiofitez qui fe font dans fa
fubftance , n'augmente point fon volume ; parce qu'il ne luy furvient point
de nouvelle fubftance qui s'infinue entre fes parties , ainfi qu'il fe fait ordinairement dans les autres efpeces de rarefaction. Au contraire il arrive toujours
que l'eau en fe glaçant perd quelque
chofe de fa fubftance & de fes propres
parties, ainfi qu'il fe voit par experience
quand

quand la glace vient à se fondre : car
alors il se trouve qu'elle a souffert plus
de diminution en une heure qu'elle est
à se glacer, qu'elle ne fait en tout un
jour de l'esté ; parce que les cavitez qui
la rendent spongieuse lorsqu'elle commence à se glacer, donnent lieu aux
parties qui ne sont pas encore attachées
les unes aux autres par la congelation
de s'évaporer : ce que la fluidité que
l'eau a pendant l'esté ne luy permet
pas, à cause que cette fluidité la rendant
comme solide, elle ne s'évapore que
par sa surface exterieure ; au lieu que
lorsqu'elle devient spongieuse elle a
une infinité de surfaces en dedans par
lesquelles elle peut s'évaporer. Cependant tant qu'elle demeure glacée elle
ne diminue point son volume à proportion de sa matiere, & c'est ce qui la
fait nager sur l'eau, qui n'est pas encore glacée, & qui avec un égal volume
a davantage de substance pesante.

& qu'elle
nage sur
l'eau.

Car il faut concevoir qu'à l'abord que
la partie subtile de l'air commence à
serrer les parties de l'eau, lorsque par la
soustraction des corpuscules communs
qui commencent à manquer, elles n'ont
presque plus rien qui les empesche de se
toucher par les faces plates, & que s'ap-
prochant ainsi les unes des autres elles

Tome I.   C

laiſſent des vuides qui rendent toute la
maſſe de l'eau ſpongieuſe, ces vuides
donnent aiſement occaſion à beaucoup
de parties propres de l'eau de s'évaporer ; cependant que toute la maſſe ſe
ſouſtient & conſerve un meſme volume
par la jonction des faces des particules
groſſieres, leſquelles ne coulant plus
les unes contre les autres s'arreſtent &
font comme des voutes, par les cavitez
deſquelles pluſieurs particules propres
s'écoulent & s'envolent avec les corpuſcules communs qui par leur inter-
poſition rendoient l'eau coulante, avant
que le froid fuſt arrivé au point qui opere la congelation par la ſuppreſſion de
la matiere des évaporations.

Il s'enſuit de ces hypotheſes que ce
n'eſt point le froid qui fait immediatement la conſtriction & le reſſerrement
qui arrive au corps quand il eſt exceſ-
ſif, mais que c'eſt la peſanteur de la partie ſubtile de l'air qui fait cet effet, en
conſequence de la ſuppreſſion des eva-
porations que le froid a cauſée ; Que la
douleur qu'on reſſent par le froid vient
de cette conſtriction qui bleſſe les parties ſenſibles en les froiſſant ; Qu'alors
le ſang eſt repouſſé au dedans du corps,
les arteres eſtant reſſerrées & retrecies ;
Que par cette meſme raiſon les mem-

bres sont gangrenez & tombent estant
destituez de la chaleur & des esprits
que le sang leur doit apporter continuellement ; & qu'enfin le froid est ve-
ritablement une privation, c'est à dire
une suppression des corpuscules volatiles & fluides que la masse des évaporations qui sont dans l'air doit fournir à
tous les corps pour empescher estant
interposée entre les corpuscules gros-
siers qu'ils ne se touchent de trop prés.

Pour ce qui est de l'imcompressibili-
té que je suppose dans l'eau, il faut considerer que l'eau est un corps d'une nature tellement particuliere & si differente de celle de tous les autres corps,
qu'il n'est pas difficile d'accorder qu'elle peut avoir une proprieté aussi particuliere qu'est celle de cette incompressibilité, qu'il est necessaire de supposer
pour expliquer les phenomenes de sa
congelation ; supposant encore que cette incompressibilité ne se trouve point
dans les autres matieres dont on fait
les vases qui se cassent lors que l'eau
qu'ils contiennent vient à se glacer.

Le particulier de la nature de l'eau
suivant mes conjectures consiste en ce
qu'elle n'est composée que de deux sortes de substances sçavoir de ses parties
propres & des corpuscules communs à

Que l'eau
est incom-
pressible.

C ij

tous les autres corps qui paſſent inceſſamment ainſi qu'il a eſté dit de l'air
dans tous les corps, & qui en reſortent
auſſi inceſſamment. Or je ſuppoſe que
les parties propres de l'eau ne ſont que
d'une eſpece , & ne ſont point diſtin-
guées en volatiles & fixes, en terreſtres,
ſalines , ſulphurées , phlegmatiques
comme dans les autres corps. Je prens
mes conjectures pour cela de ce qu'on
ne ſepare point de l'eau par la diſtila-
tion , ces differentes ſubſtances ; que
toute l'eau s'évapore ; & que ce qui
s'en éleve dans la diſtillation n'eſt point
different de ce qui demeure quand on
ne pouſſe pas la diſtillation juſqu'au
bout.

Cette homogeneité eſtant ſupposée
dans l'eau il s'enſuit qu'elle doit eſtre
incapable d'eſtre comprimée ; puiſque
les corps ne ſont compreſſibles que
parce que lors qu'on les preſſe il arrive
que les parties les plus ſubtiles & les
plus mobiles d'entre celles qui entrent
dans la compoſition de leur ſubſtance
& de leur volume ordinaire, ſont pouſſées dehors , & que les autres parties
dont la nature eſt d'eſtre attachées enſemble, demeurent & s'approchent les
unes des autres. Ainſi quand on preſſe
une eſponge on en fait ſortir l'air ou

la liqueur qui entrent dans la compo-
fition de fon volume ordinaire, & quand
on bat un fer chaud on en fait fortir les
parties vitrifiées que le feu a rendu liquides. Mais quand on preffe l'eau,
comme elle n'a point de parties qui en
puiffent fortir pour donner occafion aux
autres de s'approcher ; il eft impoffible
qu'elle fouffre aucune compreffion ; n'y
ayant point dans fa fubftance de differentes parties dont les unes foient dif-
pofées à eftre chaffées & exprimées , &
les autres à demeurer ; puifqu'elles font
toutes d'une mefme nature , ainfi qu'il
a efté expliqué.

Il y a des experiences qui confirment
cette verité de l'incompreffibilité de
l'eau , que tout le monde fçait. Pour
ce qui eft de la compreffion qui arrive
aux autres corps par le moyen du froid
qui diminue leur volume , on en a fait
plufieurs obfervations à l'Academie
pendant le grand hyver de 1670. car
on a trouvé que les corps les plus durs
& les plus compactes , comme les metaux , le verre & les marbres fe retre-
ciffent fenfiblement par le froid , &
qu'alors ils deviennent aigres & caffants , & qu'ils retournent à leur premier eftat dans le degel.

Il ne refte plus que d'expliquer par

*Que les au-
tres corps,
quoique
durs & foli-
des font
compreffi-
bles.*

quelle raiſon l'évaporation des corpuſ-
les communs & la ſuppreſſion qui en
arrive par le froid , qui eſt une cauſe
commune à la congelation de l'eau ,
& à celle qui arrive en quelque façon
aux corps durs, tels que ſont les pierres, le verre & les metaux, produit une
diminution de volume & un retreciſſement conſiderable dans ceux-ci , & n'en
fait point de cette nature dans l'eau.
Pour concevoir comment cela ſe peut
faire , il n'y a qu'à remarquer quelle eſt
la difference des parties propres de
l'eau , & de celles des autres corps qui
a eſté expliquée : car les parties propres de l'eau ſont des corpuſcules qui
eſtant de figure ſpherique, ont pluſieurs
faces plates ainſi qu'elles ſont dans les
dodecaedres dans les icoſedres : & les
parties propres des autres corps ſont
de figures bien plus differentes entre
elles , la pluſpart eſtant cubiques &
formées de faces grandes à proportion
de leur volume , y en ayant auſſi beaucoup qui approchent de la figure ſpherique , mais elles ſont deſtituées des
faces plates qui ſont dans les parties
propres de l'eau , où ſi elles en ont
elles forment des corps pyramidaux,
& les uns & les autres gliſſent facilement entre les autres corpuſcules : ce

qui fait que tous les corps , horſmis l'eau , ainſi qu'il a eſté dit , ſont capables d'une évaporation qui laiſſe ſeparer & envoler des parties qui ſont d'un autre genre que celles qui demeurent aprés l'évaporation , & ces parties qui ſe ſeparent ainſi facilement ſont appellées les parties volatiles propres. Cette hypotheſe des parties parfaitement ſpheriques & pyramidales meſlées aux autres qui ont des faces plates dans les corps durs , tels que ſont les pierres & les metaux , peut eſtre inſinuée par l'experience qui fait voir que dans les diſtillations des corps durs on tire des eſprits qui ont une force incroyable de penetrer , & qui ne ſe tirent point de l'eau.

Or il eſt aisé de concevoir que la natûre des parties propres de l'eau leſquelles à raiſon de leur figure dodecaedre ou icoſedre les rend fort mobiles quand elles ſont meſlées aux corpuſcules communs dont la pluſpart ſont tres-ronds & tres-polis , les rend tout à fait incapables de mouvement lorſqu'elles ſont deſtituées de ces corpuſcules , à cauſe qu'elles ont des faces plates de tous les coſtez qui s'appliquent les unes aux autres auſſi-toſt que les corpuſcules communs ſont ſortis : Mais cela n'arrive

pas aux parties des autres corps lefquelles quoique deftituées des corpufcules communs quand le froid furvient,
ne laiffent pas d'avoir encore quelque
mobilité à caufe des parties volatiles
propres dont il leur refte affez pour
rendre tout le corps compreffible , en
facilitant le mouvement de toutes les
parties lefquelles eftant pouffées les
unes contre les autres, paffent aifement
les unes entre les autres pour occuper
le moins de place qu'il leur eft poffible :
car cela fait diminuer leur volume
comme il arrive à un boiffeau plein de
fable qui s'abbaiffe quand on le fecouë.
Or la mefme chofe ne peut pas arriver
aux parties de l'eau lorfqu'eftant deftituées des corpufcules cómuns elles n'ont
plus rien qui les faffe gliffer: car d'abord
celles de la furface où l'évaporation des
corpufcules communs fe fait premierement , s'attachent enfemble , & font
comme une voute inébranlable par
l'incapacité que ces parties ont à gliffer les unes contre les autres : enfuite
les autres parties à mefure que les corpufcules communs qu'elles ont s'évaporent , s'approchent de celles qui font
déja unies , & ainfi laiffent en plufieurs
endroits des efpaces vuides ; la furface
externe demeurant toujours en un mef-

me eſtat. Cette màniere de laiſſer joindre ainſi les parties par le froid eſt tellement particuliere à l'eau que tout
corps qui ſe glace ne le fait qu'entant
qu'il a des parties aqueuſes meſlées
avec les ſiennes propres : les huiles &
les eſprits qui en ſont exempts ne ſe
congelant point. C'eſt donc par cette
incompreſſibilité de l'eau , & par la
compreſſibilité des autres corps que les
vaiſſeaux remplis d'eau ſe rompent par
la gelée.

Le Soleil endurcit la terre à peu prés
de cette meſme maniere , lorſque par
l'évaporation il en fait ſortir les corpuſcules fluides de l'eau dont elle eſtoit
abbreuvée. Et il faut conſiderer que les
parties de l'eau meſlées à la terre ſont
le meſme effet à ſon égard, que les corpuſcules communs font à l'égard de
l'eau, ſoit pour la rendre fluide par leur
preſence, ſoit pour faire qu'elle s'en-
durciſſe par leur excluſion. Et il n'eſt
pas difficile de comprendre , que ſi
la terre qui n'a aucune conſiſtance lors
qu'elle eſt en pouſſiere , ſe forme en
une maſſe molle , apres qu'elle a eſté
abbreuvée de l'eau , parce que les particules de la terre qu'elle a renduës
mobiles & faciles à s'appliquer les
unes aux autres par leurs faces plates,

C v

Commen:
le Soleil en-
durcit la
terre.

y sont pouſſées par la compreſſion externe ; cette meſme compreſſion les
uniſſe encore plus intimement, lors que
l'eau qui eſtoit interposée, en a eſté tirée par l'évaporation.

Commět le
Feu endurcit
la Brique.

L'endurciſſement de la terre cuite,
ſe fait encore de la meſme maniere par
l'introduction des particules que le feu
fait entrer entre les faces plates, leſquelles de meſme que celles de l'eau,
s'exhalent quand la terre cuite ſe refroidit. Or ces particules pouſſées par
le feu rendent par leur agitation & par
leur ſubtilité, quelques-uns des corpuſcules à faces plates de la terre encore
plus mobiles, que la fluidité de l'eau
n'avoit peu faire ; & ainſi les diſpoſe à
s'apliquer plus aiſement & plus juſte les
uns aux autres : ce qui fait que la terre
cuite a toute une autre dureté que la
terre ſimplement deſſechée, qui demeure diſſoluble à l'eau, ſes particules n'é-
tant pas aſſez bien ajuſtées ny aſſez ſerrées pour empeſcher l'introduction de
l'eau ; au lieu que dans la terre cuitte,
la jonction des particules eſt tellement
parfaite, que l'eau eſt trop groſſiere
pour ſe pouvoir inſinuer entre les faces
des corpuſcules de la terre. Or cette
jonction ſi parfaite vient de la diſſolution qui a eſté faite par le feu, qui eſtant

plus parfaite que celle qui se fait par le
moyen de l'eau, dispose les particules
du corps dissout à se remuer plus facilement, & ainsi à donner des occasions
plus favorables aux faces plates de
quelques-uns des corpuscules de se rencontrer les unes au droit des autres ; Je
dis de quelques-unes seulement, parce
que si la plus grande partie estoit renduë mobile, les briques deviendroient
fluides en se cuisant, & se fondroient
comme le métail & comme le verre :
Car quand il arrive quelquefois que
par l'excez de la chaleur, la surface des
briques si vitrifie, c'est qu'en effet en
cet endroit, toutes les particules ont
esté renduës mobiles &. capables de
s'appliquer avec toute la justesse possible.

Les Marbres, les cailloux & les pierres precieuses s'endurcissent par une
autre maniere, en ce qui regarde les
causes de l'application des faces plates ; la compression externe estant toûjours pareille : Car les particules étran-
geres qui sont introduites dans ces substances, pour servir à l'union qui produit leur dureté, ne s'évaporent & n'en
sortent pas comme les corpuscules communs sortent quand l'eau se glace, ou
comme les parties aqueuses ou celles

Ce qui fait
la dureté des
Marbres, des
Pierres pre-
cieuses, &c.

C vj

qui ont esté poussées par le feu s'écoulent lorsque la terre moüillée ou les metaux fondus s'endurcissent : mais elles
y demeurent tant que ces pierres con-
servent leur dureté. Or cette dureté
depend de l'introduction des particules
subtiles & formées avec des faces tres-
plates & exactement polies, qui montant des entrailles de la terre, trouvent
les pores de la matiere des marbres, des
cailloux & des pierres precieuses, disposée à les recevoir : car la subtilité de
ces particules les fait aisement s'infinuer dans les plus petites porositez de
ces matieres, & leurs faces plates les
fait appliquer à la surface interne des
porositez qui se rencontrent dans ces
matieres, lesquelles avant cette introduction, estoient tendres & peu solides,
par la raison que leurs parties n'estoient
jointes qu'en tres-peu d'endroits par
des faces plates & polies.

du Cuivre & de l'E-tain fondus ensemble.

La maniere dont l'estain & le cuivre
fondus ensemble s'endurcissent, faisant
la composition d'un corps qui a beaucoup plus de dureté aprés le mélange,
que chacun des metaux n'avoit separement, explique encore cet endurcissement causé par l'introduction d'une
nouvelle substance. Car j'ay verifié
que cette dureté arrive apparemment

par la raison qu'Aristote en apporte ;
sçavoir, que l'estain penetre les pores
du cuivre & les remplit ; cela estant
d'autant plus vrai-semblable qu'il est
constant que l'estain est un métail d'une
subtilité tellement penetrante , qu'il
s'allie avec les autres metaux d'une
façon toute particuliere : car il les penetre mesme sans qu'ils soient fondus
ensemble , & les penetrant les endurcit , ainsi qu'il se voit au fer-blanc &
aux épingles que l'on fait simplement
rougir & ensuite tremper dans l'estain
fondu pour les blanchir & leur donner
une dureté incroyable.

L'experience qui a esté faite au la-
boratoire de l'Academie , a éclaircy les
soupçons que l'on avoit raisonnablement de cette penetration de l'etain
dans les pores du cuivre. On a fondu &
jetté trois boules l'une d'etain , l'autre
de cuivre & l'autre d'etain fondu avec
du cuivre : ces trois boules estant de
mesme volume , ont esté pesées , & l'on
a trouvé que la boule de metail composé , pesoit un quart plus que la boule de
cuivre : Car il est aisé de juger que le
cuivre & l'etain sont des metaux fort legers & peu durs , à cause qu'ils sont po-
reux & remplis d'une matiere metalli-
que sulphurée & imparfaite ; ainsi que

temoigne l'odeur qu'ils ont ſans comparaiſon beaucoup plus forte que les autres metaux : d'où l'on peut conclure en conſequence de cette experience, que les particules de l'eſtain eſtant d'ailieurs fort ſubtiles, & ayant penetré les pores du cuivre, rendent la compoſition des deux metaux, tres-dure par l'application des faces plattes & polies de l'etain, à celles qui ſe rencontrent dans les cavitez du cuivre, qui ne ſont point appliquées les unes aux autres.

Ce qui fait l'endurciſſement de la Chaux.

La coagulation & l'endurciſſement de la chaux & du plaſtre, qui eſt moyenne entre celle de la terre ſimplement deſſechée, & celle de la terre cuitte & des autres corps tres-durs, eſtant plus ferme & plus indiſſoluble à l'eau que les uns, & beaucoup moins que les autres ; a des cauſes de concretion qui ne ſont auſſi que mediocres, eſtant moyennes entre celles de la concretion de la terre ſeche, & celle des autres corps plus durs.

Car la Chaux meſlée avec le ſable fait une concretion tres-dure, parce qu'eſtant faite d'une pierre qui par la violence du feu a perdu preſque tous ſes ſels volatils & ſulphurez, on appelle ainſi quelques-unes des particules qui font la concretion & la dureté de la pierre dans ſa generation, & n'ayant

guere retenu que les fixes, qui font auffi
du nombre des particules qui font la
ccncretion, & que le feu n'emporte
point, mais que l'eau feule peut remuer ; il arrive que lors que l'on efteint
fa chaux, l'eau que l'on jette deffus,
excite un tel mouvement dans les differents fels qui font demeurez dans la
chaux, & que le feu avoit à demy detachez, qu'il s'en produit une chaleur,
laquelle agiffant fur les petits cailloux
dont le fable eft composé, en fait fortir
d'autres fels volatils, de la mefme maniere que le feu les avoit chaffez hors
de la chaux ; Et ces fels entrant dans
la chaux, & reprenant la place de ceux
qu'elle avoit perdus, luy rendent fa dureté, par une introduction de particules fubtiles & formées avec des faces
tres-plates & exactement polies : Et en
cela la dureté eft produite dans le mortier de la maniere qu'elle eft donnée
aux marbres & aux pierres precieufes :
Et cette introduction eft auffi aidée par
la diffolution que l'eau fait des parties
de la chaux, qui par ce moyen eftant
devenuës mobiles, s'approchent & fe
joignent plus facilement. C'eft auffi en
cela que la coagulation de la chaux a
quelque rapport à la maniere dont la
terre détrempée reçoit par le moyen

de l'eau la dureté qu'elle aquiert en ſe-
chant ; l'eau faiſant avoir une mobilité
à ſes parties, qui leur donne le moyen
de s'approcher & de ſe joindre.

du Plaſtre.

Le plaſtre qui ſe fait d'une pierre qui
n'eſt qu'à demi cuitte , a des parties
qui ont rapport à la chaux, ſçavoir celles qui ſont parfaitement cuittes ; &
d'autres qui ont rapport au ſable parce
qu'elles ſont demeurées cruës. C'eſt
pourquoy il arrive lorſque le plaſtre
reduit en poudre , eſt detrempé , que
les parties calcinées s'échauffant , de
meſme que fait la chaux quand on l'é-
teint , font ſortir les ſels volatils dont
les parties cruës ſont encore remplies ,
& cauſent une coagulation qui n'eſt
guere differente de celle du mortier de
chaux & de ſable , qu'en ce qu'elle eſt
beaucoup plus prompte dans le plaſtre;
peut-eſtre parce que ces ſels volatils
qui ſont reſtez dans la partie cruë, eſtant
de meſme eſpece que ceux que le feu
a fait perdre aux parties cuittes , ils ſe
communiquent plus facilement & plus
promptement , que ne peuvent faire
ceux du ſable qui ne ſont pas de la meſme eſpece de ceux que la pierre à chaux
a perdus dans la cuiſſon.

du Ciment
& de la Poz-
zolane,

Le Ciment & la poudre de Pozzola-
ne qui comme le plaſtre , ſont à demi

calcinez, l'un par le feu du fourneau qui a cuit la thuile dont le ciment est fait, & l'autre par le feu soufterrain, font une liaifon & un corps plus dur eftant meflez avec la chaux, que ne fait le fable ; parce que les fels fulphurez y font plus degagez & plus prefts à se mé- ler avec les parties terreftres de la chaux.

Les effets furprenans qui se voyent quand on caffe la pointe des larmes de verre, & que l'on attribue au reffort & à la dureté de cette matiere peuvent encore eftre expliquez par ces mefmes principes, fi l'on fuppofe ; que le verre qui eft dur à caufe de l'exacte applica- tion des faces plates & polies des cor- pufcules dont il eft compofé, s'amollit au feu par l'interpofition des autres cor- pufcules fluides, qu'il contient & de ceux que le feu y introduit ; les uns & les autres eftant agitez tant que le verre demeure en fufion ;

Que lors que le verre se refroidit à loifir, une partie de ces corpufcules s'ex- hale, le refte demeurant dans les pores du verre aux endroits où les faces ne font pas appliquées ; & que c'eft ce qui fait qu'il peut eftre amoli quand on le remet au feu ; & qu'on l'amollit plus fa- cilement en y meflant des fels qui con-

tiennent beaucoup de ces corpuſcules
fluides & capables de ſe meſler à ceux
qui ſont reſtez dans les pores du verre
refroidy ;

Que lors que l'on chauffe un endroit du verre , & qu'en ſuite on le
moüille , il ſe fend en cet endroit , par
l'impulſion des parties fluides agitées
d'une part par le feu , & retenuës de
l'autre par l'eau;enſorte que ces parties
agitées , agiſſent plus puiſſamment à
l'endroit mouillé qu'aux autres , par
leſquels une partie des corpuſcules fluides agitez s'exhale en liberté , & ne fait
point un effort pour ſa ſortie qui ſoit
capable de caſſer le verre; que lors que
le verre fondu eſt ſoudainement jetté
dans l'eau pour former la larme,il ne ſe
caſſe pas ; parce que l'eau agiſſant en
meſme temps de tous les coſtez, le mouvement que le feu avoit excité dans les
particules fluides , ceſſe ſoudainement,
parce qu'elles ſont toutes renfermées
au dedans , & que leur mouvement venoit de ce qu'elles avoient la liberté de
ſortir ; Que l'eau agiſſant d'abord ſur la
ſurface , elle l'endurcit parce qu'elle
repouſſe au dedans les particules fluides , par l'excluſion deſquelles les particules à faces plates qui ſont vers la
ſurface , n'ont plus rien qui les empeſ-

che de s'approcher & de se joindre. Et
c'est ce qui fait que dans toutes les larmes de verre qui font l'effet dont il s'a-
git, il y a dans leur milieu un espace
qui paroist vuide, dans lequel apparemment sont contenuës les particules fluides que l'eau a chassées au dedans, &
qui n'attendent que quelque agitation
exterieure, pour faire ces admirables
effets, que leur subtilité est capable de
produire ;

Que lors que l'on casse la larme
apres qu'elle est refroidie, elle se re-
sout en poudre ; parce que les particules fluides, qui sont ramassées au
dedans en grande quantité, venant à
estre soudainement agitées par l'impetueuse entrée de l'air exterieur, qui penetre alors plus facilement la partie in-
terieure qui est spongieuse, cet effort
de l'air estant auparavant empesché par
la solidité de la surface de la larme ;
cette agitation & cette impulsion de
l'air, leur donne moyen de penetrer &
de separer les autres particules qui sont
jointes par les faces plates, & qui font
le dehors de la larme, & de les pousser
& les épandre en mesme-temps dans
l'air. Et qu'enfin il est aisé de juger que
cette entrée impetueuse de l'air se fait
dans la larme, parce que lorsqu'on en

rompt la queuë la larme ne se dissout
point en poudre si l'endroit que l'on
rompt est solide ; & l'on remarque toûjours dans le bout qui a esté rompu une
cavité manifeste quand elle est rompuë
assez avant pour faire la dissolution.
On voit un exemple de l'effet d'une
semblable agitation , lors que l'on
mesle l'esprit de Vitriol avec l'huyle de
Tartre;où l'effervescence est plus grande à proportion que l'esprit tombe dans
l'huyle avec plus de force : car cela fait
voir que la soudaine entrée de l'air dans
la cavité de la larme , est capable d'exciter un mouvement assez violent dans
les particules fluides , pour les faire penetrer entre celles des faces plates des particules du verre , qui sont
jointes moins exactement , & les separant reduire la larme en poussiere.

L'experience que l'on a faite , que les
larmes apres avoir esté échauffées ne se
resolvent plus en poudre , quand on en
rompt la pointe ; fait connoistre qu'il y
a beaucoup d'apparence que ce sont les
parties fluides retenuës & enfermées au
milieu de la larme , qui font l'effet dont
il s'agit ; & que la chaleur en ouvrant
les pores du verre , & donnant lieu aux
parties fluides de s'exhaler, il ne se trou-

ve plus rien dans la larme , lors qu'on en rompt la pointe , qui foit capable de la reduire fi foudainement en poudre. La mefme chofe arrive lors que l'on ufe le ventre de la larme fur la rouë d'un lapidaire : Car on la peut ufer jufqu'au centre , fans qu'elle fe caffe , parce que la diminution infenfible qui arrive à la larme , par le frottement de la rouë, ouvrant peu à peu les pores qui font au dedans , donne moyen aux parties flui-des ramaffées en cet endroit, de s'exhaler infenfiblement fans faire cet effort qu'elles font capables de faire quand elles agiffent foudainement & toutes enfemble, & qu'elles font pouffées par l'air que fa pefanteur fait entrer avec impetuofité.

On a fouvent fait une experience, laquelle quoique deftinée en une autre fin ne laiffe pas de donner quelque éclairciffement fur les caufes de la prompte diffolution des larmes de verre que j'explique fuivant les hypothefes de mon fyfteme de la Dureté. L'experience eft de voir quelle force un recipient de verre double de figure quarrée pourroit avoir pour refifter à la compreffion de l'air ; pour cela on l'applique à la machine du vuide , dans laquelle on fe fert ordinairement d'un recipient de fi-

gure spherique , afin que comme une
voute , il soit capable de soustenir le
grand faix de l'air ; or il arrive qu'apres
avoir vuidé tout l'air grossier , le recipient se casse d'une maniere tout a fait
extraordinaire : car dans un instant il
est reduit en poussiere à peu pres de la
mesme maniere que font les larmes de
verre. Cela fait que je considere la partie subtile de l'air qui remplissoit ce recipient , comme ayant rapport avec les
particules fluides que je suppose estre
ramassées au milieu de la larme de verre ; Que le coup de l'air grossier retenu
dehors & qui dans l'instant que le verre
s'est cassé , est venu pousser cette partie subtile de l'air , repond à l'effort que
l'air dont la larme est environnée produit , lorsqu'il entre avec promptitude
au dedans , & qu'il frappe avec violence l'amas des particules fluides qui y
sont ; Et qu'enfin la partie subtile de
l'air qui emplissoit le recipient , & qui
est poussée soudainement par la partie
grossiere qui retourne prendre sa place,
a eu la mesme force de penetrer les
intervalles des corpuscules dont le verre du recipient estoit composé , & de le
resoudre en poussiere , qu'elle a lors
qu'elle entre dans la larme rompuë, où
elle fait le mesme effet , en poussant

avec promptitude les parties fluides qui y font enfermées.

Comment cette introduction foudaine de parties fubtiles pouffées avec violence, eft capable de brifer & reduire en poudre les corps durs & caffants ; elle peut auffi au contraire les rendre Ductiles & Malleables fi elle eft faite infenfiblement : Par une femblable raifon les corps fe caffent & pettent au feu à caufe de l'inegalité de leur fubftance, qui laiffent paffer facilement en certains endroits les corpufcules que le feu agite, & leur refufent le paffage en d'autres; car il arrive que les parties qui ont laiffé entrer les corpufcules agitez leur donnent occafion de faire un effort contre les autres qui refiftent : Et au contraire lors que le corps eft d'une fubftance affez egale pour admettre ou refufer par tout d'une mefme maniere les corpufcules agitez, il ne fe fait aucune fracture, ny par l'effort du feu ny par celuy des marteaux, parce qu'ils pouffent & font entrer fans effort & infenfiblement les particules fubtiles & mobiles qu'ils repandent avec une mefme facilité par tout le corps.

Je croi que ces exemples fuffifent pour expliquer les caufes de la Dureté,

en faiſant voir que les differentes manieres , ou d'introduire des particules
fluides , ou des particules formées avec
des faces plates , produiſent les coagu-
lations , les congelations , les petrifi-
cations , les diſſolutions , les fuſions, &
toutes les autres manieres differentes
par leſquelles les corps ſont diverſe-
ment ou amollis , ou endurcis.

Il eſt aisé par les meſmes hypotheſes , qui ont eſté employées pour expliquer la Dureté , de rendre des raiſons évidentes & ſenſibles de tous les
Phenomenes que le Reſſort fait dans les
corps qui en ſont capables. Il eſt conſtant que le reſſort ſe fait par la puiſſance qui reduit un corps en ſon premier eſtat apres qu'il a eſté ou plié,
ou redreſſé , ou étendu , ou comprimé.

Mais il eſt vray que ces quatre manieres ſe rapportent toutes à celle qui
a eſté expliquée , qui eſt la reduction
des choſes qui ont eſté étenduës, & leur
retour en leur premier eſtat ; ſuppoſant qu'il y a extenſion dans toutes les
manieres de Reſſort.

Car la puiſſance qui fait que le corpuſcule A , apres avoir eſté éloigné du
corpuſcule B par extenſion , retourne
à ſon premier eſtat , n'eſt point autre
que

que celle qui fait que le corpuscule

C, qui a é-
té separé du
corpuscule
D, par la fle-
xion, y re-
tourne ; par-
ce que ce
n'est qu'une
extension ,
qui est faite
seulement
d'un costé ;
sçavoir du
costé G. Le
redressemét
du corps tor-
tu & plié

H I, à qui on donne la figure droite
qu'il a en E F , ne se fait point aussi
que par l'extension d'un des costez,
par exemple du costé K : Et enfin la
compression ensuite de laquelle les
corps se remettent en leur premier estat
par le ressort , ne se fait point aussi sans
extension ; parce que la compression
suppose la separation des corps que l'air
tenoit serrez les uns contre les autres
par sa pesanteur ; & il arrive que lors
que l'effort qui fait la compression externe, cesse, les parties separées se re-

joignent , y eſtant contraintes par cette meſme peſanteur de l'air qui avoit
eſté forcée , & qui repouſſe les parties
que la compreſſion avoit ſeparées.

I L reſte à reſoudre une objection que
l'on peut faire contre la force de la
compreſſion que nous attribuons à la
peſanteur de l'air. Cette objection eſt ,
que la peſanteur de l'air a une force
determinée & connuë , qui n'a aucune
proportion avec les cauſes du reſſort &
de la dureté des corps ; car par exemple
l'on peut dire que ſi le verre n'eſtoit dur
qu'à cauſe de la difficulté qu'il y a de
ſeparer ſes parties , comme ſi cela ne ſe
pouvoit faire qu'en forçant la peſanteur de l'air qui s'oppoſe à leur ſeparation ; il arriveroit que la puiſſance qui
eſt capable de forcer la peſanteur de
l'air , ſeroit en meſme-temps capable
de forcer la dureté du verre , en ſur-
montant la reſiſtance que les parties du
verre font à leur ſeparation ; ce qui eſt
faux ainſi que l'experience fait voir ,
lorſque le vif argent décend dans un
tuyau de verre renverſé ; Car la peſanteur du vif argent a la puiſſance de
forcer la peſanteur de l'air , & n'a pas
le pouvoir de forcer la dureté du verre , qui ſe caſſeroit & ſe reſoudroit en

atomes imperceptibles , si ces atomes n'avoient d'autres principes de leur cohæsion , que la pesanteur de l'air.

La réponce est aisée , si l'on distingue la pesanteur de la partie grossiere de l'air , de la pesanteur de la partie subtile , & que l'on conçoive que le vif argent & les autres liqueurs , qui descendent dans un tuyau de verre , ne forcent que la pesanteur de la partie grossiere de l'air , & non pas la pesanteur de la partie subtile ; & que c'est la pesanteur de cette partie subtile , qui fait la dureté du verre , par la compression des parties dont le verre est composé , ensorte que la pesanteur de cette partie subtile , n'agit point sur toute la masse de l'air grossier , puisqu'elle la penetre , mais elle agit seulement sur les parties solides dont chaque particule de l'air grossier est composée : Ce qui fait que chacune de ces particules, fait ressort , & rend cette masse de l'air grossier capable de compression , lors qu'estant enfermée & serrée dans un vaisseau dont les pores ne peuvent laisser passer que la partie subtile de l'air , les parties de l'air grossier peuvent estre pliées & contraintes par l'effort de la compression d'une puissance exterieure , par exemple d'un piston ; ainsi qu'il

arrive dans les arquebufes à vent ; Et
ces mefmes parties font remifes en leur
premier eftat , par la compreffion que
la portion fubtile de l'air opere par fa
pefanteur dans chacune des particules
dont l'air groffier eft compofé ; & il faut
entendre que chacune de ces particules
eft encore compofée d'autres particules , qui font celles qui eftant comprimées par la partie fubtile de l'air , rendent la partie groffiere capable de reffort.

Il faut encore concevoir que la pefanteur de la partie fubtile eft fans
comparaifon plus grande, que la pefanteur de la partie groffiere , ainfi qu'il a
efté dit ; Et que parconfequent il ne
faut pas trouver eftrange que la puiffance qui eft capable de furmonter la
pefanteur de la partie groffiere de l'air,
ne puiffe forcer la pefanteur de la partie fubtile ; la raifon de cette difpropor-
tion eft , que la partie groffiere de l'air
ne s'éleve que fort peu au deffus de la
terre , ainfi qu'il eft aifé de conjecturer
par la grande difference qu'on remarque dans les effets de cette pefanteur ,
en un fort petit efpace , lors que l'on
porte un barometre au haut d'une mon-
tagne : Car on remarque une notable
difference dans la depreffion du vif ar-

gent : Et il y a apparence que la raison pour laquelle on ne s'apperçoit point que le Reſſort & la Dureté des corps varient, lorſqu'ils ſont tranſportez en des lieux élevez, n'eſt autre que ſa grandeur de l'eſpace que la partie ſubtile de l'air occupe au deſſus de la partie groſſiere ; cet eſpace eſtant ſi grand, que la hauteur des lieux ſur leſquels nous pouvons nous élever, n'eſt que comme rien, à proportion de la hauteur preſque infinie que cette partie ſubtile a au deſſus de nous, & que l'on peut concevoir aſſez grande pour faire comprendre l'extréme difficulté qu'il y a à ſeparer les particules dont un diamant eſt compoſé ; ſi l'on ſuppoſe encore, ainſi qu'il a eſté dit, que cette partie ſubtile de l'air n'eſt point capable de compreſſion, comme la partie groſſiere l'eſt : Car cela eſtant il faut s'imaginer une maſſe tres-ſolide & tres-peſante, qui ſerre de ſi pres les parties du diamant les unes contre les autres, qu'il eſt impoſſible de les ſeparer le moins du monde, qu'en pouſſant & ſoulevant cette maſſe, dont l'énorme peſanteur apporte une reſiſtance preſque infinie à ce ſoulevement.

Enfin je ne croi pas qu'il ſoit neceſſaire d'aller audevant d'une autre diffi-

culté que l'on pourroit encore alleguer,
sçavoir que la grande solidité & la grande pesanteur que l'on suppose dans cette masse de la partie subtile de l'air,
la devroit rendre impenetrable & contraire au mouvement des corps : Car
cette difficulté ne sçauroit arrester
ceux qui auront consideré que cette
substance subtile , pour estre capable
de s'introduire entre tous les autres
corps , doit estre destituée de ces faces
plates qui font la principale cause de
la Dureté : Car il n'y a rien qui empesche de supposer que cette substance subtile , ait ces conditions : Joint que l'on
voit que l'air grossier tout pesant & tout
solide qu'il est , n'a point cette impe-
netrabilité ; que l'eau n'empesche point
les poissons de se remuer ; & que le vif
argent qui est encore plus pesant & plus
solide que ces autres substances , n'empesche point le mouvement des corps
qui y font plongez ; si ce n'est qu'ils se
touchent par des faces plates & polies ;
car alors ces corps s'attachent ensemble , & l'on a de la peine à les separer ,
à proportion que la quantité & la hauteur du vif argent a plus ou moins de
pesanteur , ainsi qu'il a esté dit.

SECONDE PARTIE.
DE LA
PESANTEUR
DES CORPS.

Pour expliquer les caufes de la Pefanteur, qui n'eft rien autre chofe
que la puiffance, qui fait que les corps
tendent au centre de la terre, je fais
cinq hypothefes.

La premiere eft, que la partie Etherée de l'air eft meflée avec tous les autres corps dont elle penetre tous les intervalles, fçavoir ceux qui font entre
les corpufcules de la partie fubtile de
l'air, & ceux qui font entre les autres
corps compofez de corpufcules ; en forte qu'eftant agitée elle choque & pouffe les corpufcules; par ce qu'ils font
tous impenetrables, tant ceux dont
l'amas fait chaque grain de la partie
fubtile de l'air, que ceux dont les autres corps font compofez : c'eft à dire
tout le globe elementaire compofé de la
terre, de l'eau & de l'air. Et il faut concevoir que de mefme que la partie fubtile de l'air a efté eftablie dans la premiere partie de ce traité, comme la caufe du Reffort & de la Dureté des corps,
la partie Etherée eft icy mife comme la
caufe de leur Pefanteur, & mefme de

I.
Les caufes
de la Pefan-
teur s'expli-
quent par
cinq hypo-
thefes.
La premiere.

D iiij

celle de la partie subtile de l'air.

La seconde. Je suppose en second lieu, que ce corps Etheré a un mouvement circulaire, & tres-rapide au tour de l'axe du monde, allant du couchant au levant, & que ce mouvement luy est naturel.

La troisiéme. En troisiéme lieu, je suppose que tous les autres corps hormis ce corps Etheré ont une repugnance naturelle à cette rapidité : Et que par consequent, quoy que le corps Etheré les puisse remuer, ils resistent à l'impression du mouvement qui les emporte, de mesme que fait un Vaisseau, qui ne va pas aussi viste que le Vent qui le pousse.

La quatrié-me. En quatriéme lieu, je suppose que le mouvement circulaire de ce corps Etheré est tel, que tournant avec une extreme rapidité au tour de l'axe de la terre, son agitation est differente dans les plans infinis, dont il faut concevoir que la masse de ce corps Etheré & liquide est composée ; & dans les cercles infinis dont chaque plan est aussi composé : Et ce mouvement se fait à peu prés de la mesme maniere que celuy que l'eau a dans les canaux, dans lesquels elle coule : car on scait par experience que toutes ses parties sont remuées par des mouvemens differens, c'est à dire que l'eau qui coule dans un canal va plus viste au

milieu & au deſſus que vers les coſtez
& vers le fond : & cela eſtant , il eſt aiſé de concevoir que depuis les parties
qui font la ſurface de deſſus qui va viſte,
juſques à celles qui font la ſurface qui
touche le fond laquelle va lentement
on peut imaginer entre-deux une infinité d'autres ſurfaces ou plans dont le
mouvement eſt differant , & concevoit
que le mouvement des plans qui ſont
vers le bas va croiſſant inſenſiblement
dans ceux qui les ſuivent, juſqu'au haut.
Or il faut ſuppoſer , que tous les plans
de la ſubſtance Etherée ſont paralleles
au plan de l'Equateur , en ſorte que faiſant chacun un tourbillon differant , ils
ont tous à proportion un mouvement
plus rapide à meſure qu'ils s'éloignent
de l'Equateur & qu'ils s'approchent des
poles:Que les cercles auſſi qui ſont plus
éloignez du centre de chaque plan ont
un mouvement plus rapide & plus viſte à
proportionde ceux qui en ſont plus proches , qu'ils n'ont ordinairement dans
les plans d'un corps ſolide qui tourne ſur
ſon centre où chaque cercle fait ſon
tour en un meſme eſpace de temps. Car
je ſuppoſe que les cercles qui dans chaque plan ſont vers la circonferance a-
chevent leur tour en beaucoup moins de
temps que ceux qui ſont vers le centre ,

D v.

de mesme que l'eau de la surface d'une goutiere est plustost arrivée au bout par où elle tombe, que celle qui est au fond.

La cinquié-
me.

En cinquiéme lieu je suppose, que le plus petit des corps qui sont comme infusez dans le corps Etheré, par exemple chaque particule ou grain dont l'amas fait la partie subtile de l'air, est assez large pour estre necessairement frappé par plusieurs tourbillons differans en force, & par plusieurs des cercles qui composent chaque tourbillon : ces cercles estant tout de mesme, differans en vitesse & en force.

II.
Explication
& confirma-
tion des cinq
hypotheses.

Pour expliquer plus clairement ces hypotheses, il faut considerer les deux figures qui suivent. La premiere represente le Globe de la substance Etherée qui se remuë du couchant au levant sur les Poles marquez V Y, la ligne qui va de l'un à l'autre estant l'axe sur lequel ce globe tourne. I K est l'Equateur. Toutes les lignes paralleles à l'Equateur representent les plans verticaux dont ce globe est composé, qu'il faut supposer comme infinis, & ayant chacun un mouvement differant en vitesse; en sorte que le plan I K est un tourbillon qui acheve sa revolution en bien moins de temps que le plan Q R, &

ſe plan G H beaucoup pluſtoſt que le
plan O P , & ainſi des autres. N , repreſente la terre placée au milieu du
globe de la ſubſtance Etherée.

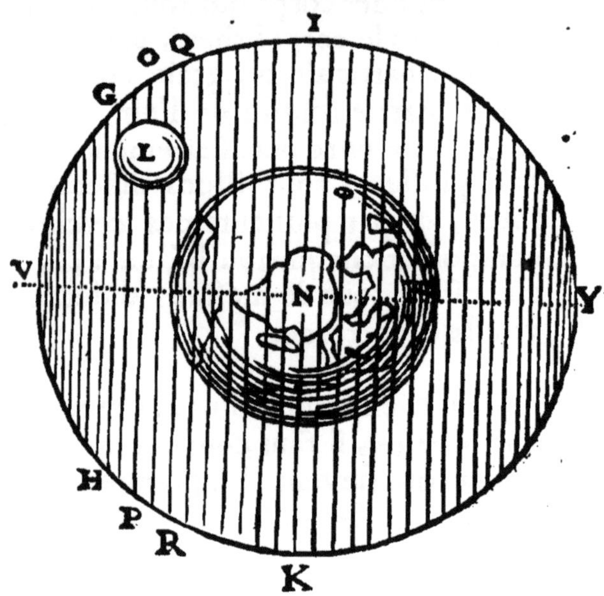

La 2. figure repreſente un des tourbillons
ou plans verticaus , ſçavoir celuy qui
eſt au droit de l'Equateur , tournant
auſſi du couchant au levant ſur le centre A. Et il faut concevoir que ce plan
n'eſt differant des autres qu'en ce que
la ſection de la terre qui y eſt repreſen-
tée de la grandeur du diametre de toute la terre , va toujours en diminuant
de meſme que les plans ; mais l'un &

l'autre ne diminuent pas en mefme proportion : parce qu'à mefure que les
plans approchent des poles, la fection de
la terre eſt toujours plus petite à proportion du reſte du plan , ainſi qu'on
le peut voir dans la premiere figure,
où le plan Q R, qui eſt vers le pole, cou-
pe une bien moindre portion de la terre
que le plan I K qui eſt vers l'Equateur.
C, D, E, F, T, ſont les cercles dont ce plan
eſt compoſé, qu'il faut auſſi ſuppoſer
comme infinis & inegaux en viteſſe, ainſi
qu'ils le ſont en grandeur; cette inegalité eſtant telle que le cercle C a achevé
ſon tour beaucoup pluſtoſt que le cercle
D , & celuy là auſſi beaucoup pluſtoſt
que le cerle E ; & ainſi des autres.

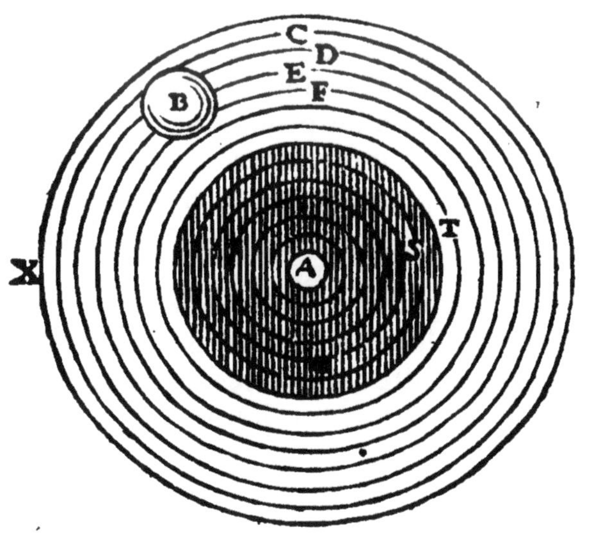

Ces cinq chofes dont on demande la fuppofition ne peuvent ce me femble eftre refufées jufqu'à ce qu'on ait trouvé quelque phenomene qui y repugne. Mais on peut dire encore, qu'il y a des conjectures qui donnent quelque fondement probable à ces fuppofitions.

A l'égard de la premiere qui concerne le corps Etheré, dans lequel les autres font comme infufez, on ne peut pas avoir d'autres conjectures de fon exiftence, que de ce qu'il n'y a rien de tout ce que nous voyons dans la Nature qui y repugne, & qu'il y a beaucoup de chofes qui la peuvent faire croire ainfi qu'il fera expliqué dans la fuite.

La feconde fuppofition fçavoir que le corps Etheré a un mouvement circulaire & tres-rapide, n'a point auffi de caufe evidente ; fon exiftence eftant feulement renduë probable par les Phenomenes du mouvement journalier de la terre, qui ainfi qu'il a efté dit, peut eftre attribué avec beaucoup d'apparence au mouvement & à l'impulfion de ce corps Etheré : On peut neanmoins trouver dans la nature des exemples d'une pareille chofe, fçavoir d'un Globle d'une grandeur immenfe compofé de corpufcules tres-fubtils, & qui a un mouvement circulaire fur un axe ; Le

1. Qu'il y a un corps Etheré dans lequel les autres font côme infufez.

2. Que ce corps a un mouvement circulaire qui luy eft naturel.

soleil n'estant apparamment rien autre
chose , & les taches que l'on y remarque & qui changent de place faisant
voir clairement qu'il a le mouvement
dont il s'agit. Il y a aussi beaucoup d'apparence que ce mouvement circulaire ,
est naturel au Globe de la substance
Etherée, c'est à dire qu'il est differant
des mouvemens circulaires que nous
donnons aux corps que nous agitons en
rond , lesquels ne font naturellement
capables que d'un mouvement droit ;
& que la puissance qui fait remuer le
corps Etheré , est une cause premiere ,
que l'on peut aisement concevoir capable de luy donner un mouvement particulier , d'une nature differente de celuy
qui se voit dans les corps , que les autres
causes peuvent agiter.

Je sçay bien que tous ceux qui supposent le mouvement impetueux d'une
substance Etherée , comme auteur du
mouvement que la terre a du couchant
au levant, regardent ce mouvement circulaire de la substance Etherée , comme un mouvement forcé ; Par ce qu'ils
font persuadez que tout ce qui est remué en rond tend naturellement à s'e-
loigner du centre de ce mouvement ; &
que par consequent il a besoin de quelque puissance étrangere, qui le deter-

mine au mouvement circulaire. Mais cette persuasion n'est pas ce me semble appuyée sur un fondement aussi solide qu'on le pretend; ce fondement n'estant qu'une experience singuliere, qui n'induit point une consequence generale, telle qu'est celle que l'on en tire ; sçavoir que tout corps remué circulairement, s'éloigne du centre de son mouvement. Car en premier lieu l'experience sur laquelle on s'appuye, ne fait voir cela qu'aux corps qui ont de la pesanteur ; Et l'on suppose que la substance Etherée n'en a point ; aussi n'en doit elle point avoir, autrement il faudroit encore aller chercher des causes de cette pesanteur, ce qui iroit à l'infini.

En second lieu cette experience ne se fait point que lorsqu'il y a un grand vuide, tel qu'est l'air au respect des corps plus solides & plus pesans à son égard ; Ce qui fait un systeme tout à fait differant de celuy dont il s'agit ; Car le corps Etheré qui remplit le monde Elementaire, demanderoit un autre corps beaucoup plus subtil, dans lequel il puît s'écarter, estant remué en rond ; Ainsi que la pierre qu'une fronde lasche, aprés l'avoir fait tourner, a besoin de l'air dans lequel elle puisse s'écarter. Et cette supposition auroit de grands incon-

veniens, tels que font la diffipation de
cette fubftance Etherée ; ou le befoin
d'une circulation qui fift defcendre &
approcher du centre de ce mouvement
circulaire, les particules diffipées dans
le vuide en mefme temps que celles qui
fe diffipent vont vers la circonferance.

Or quoy que tous les corps fur lefquels nous pouvons faire des experiences, ayent de la pefanteur, & que par
cette raifon il femble qu'il n'y ait pas
moyen de faire voir, que ceux qui font
fans pefanteur, comme l'on fuppofe
qu'eft la fubftance Etherée, n'ont point
cette inclination à s'éloigner du centre
de leur mouvement; Je croy neanmoins
qu'il y a des experiences capables de
faire croire que cela eft ainfi ; parce que
l'on peut mettre des corps dans un eftat,
où ils devront eftre confiderez comme
dépouillez de leur pefanteur; Et alors fi
on les agite en rond, quoy qu'il n'y ait
rien qui les empefche de s'éloigner du
centre de leur mouvement, on verra
qu'ils ne s'en éloignent point.

Cela fe peut voir fi l'on met dans l'eau
une boule de cire ou d'autre matiere
creufe & difpofée comme il faut, pour
faire que fa pefanteur foit egale à celle
que l'eau a dans un pareil volume. Car
l'eau eftant agitée en rond, l'experience

fait voir que la boule fuit le mouvement circulaire de l'eau, & décrivant
toujours un mefme cercle, ne s'éloigne
jamais du centre de fon mouvement,
quoy qu'elle n'ait point d'obftacle qui
l'en empefche, comme il y en a dans
la pierre que l'on fait tourner avec une
fronde; eftant auffi aifé à cette boule de
fendre l'eau pour s'éloigner du centre
que pour s'en approcher : Et cette experience fait aifement juger, que fi la
pierre n'avoit point de pefanteur dans
la fronde, non feulement elle ne s'e-
loigneroit point du centre du mouvement circulaire que la fronde luy donne, auffi-toft qu'elle feroit détachée de
la fronde, mais que mefme elle cefferoit
d'eftre remuée, puifque l'on voit que les
chofes pouffées & jettées reçoivent une
moindre impreffion de mouvement,
moins elles ont de pefanteur; & qu'il
y a lieu de croire qu'elles n'en recevroient point du tout, fi elles eftoient
fans pefanteur.

Cette experience fait encore voir que
faute d'un lieu vuide, dans lequel &
l'eau & la boule de cire puiffent s'é-
carter, ces deux differans corps agitez
en rond ne s'éloignent point du centre
de leur mouvement. Cette verité peut
eftre éclaircie par une autre experience,

qui eſt de mettre au lieu de la boule de
Cire, quelque poudre plus peſante que
l'eau, & qui aille au fond du vaiſſeau;
ou ſi la poudre eſt tres-legere, & qu'elle nage ſur l'eau, mettre un couvercle
de verre qui touche à l'eau & à la poudre : Car ſi l'on fait tourner ſur un pivot
le Vaiſſeau avec viteſſe, & que ſon fond
ſoit plat, on verra que toute la pouſſiere s'éloignera du centre, de la meſme maniere qu'une pierre s'éloigne du
centre du mouvement circulaire que
fait une fronde tournée en rond lorſqu'elle eſt laſchée; La raiſon de cela eſt,
que cette pouſſiere agitée en rond, parce qu'elle eſt peſante, ne conſerve
point ce mouvement parfaitement circulaire, que la boule de cire obſerve;
parce qu'eſtant comme ſans peſanteur,
elle ſuit aiſement le mouvement de
l'eau auquel la poudre peſante reſiſte;
la verité eſtant, que dans tous les corps
que nous connoiſſons, la peſanteur fait
qu'ils ne ſuivent jamais le mouvement
circulaire qu'ils n'y ſoient forcez ; le
mouvement qui nous paroiſt droit eſtant
plus ſimple & plus aiſé, & la nature ſuivant toujours les voyes les plus aiſées.
Par la meſme raiſon la poudre legere ne
ſuivra plus le mouvement de l'eau qui
luy faiſoit faire toujours les meſmes

cercles, si l'on met un couvercle ; parce que la legereté l'attachant au couvercle qui la presse, elle est incapable de suivre la direction du mouvement de l'eau qui l'emporte, estant arrestée par cette attache qu'elle a au couvercle, de mesme que l'autre l'est par sa pesanteur au fond. Il n'y a donc rien qui empesche que le corps Etheré qui n'a point la pesanteur, mais qui la fait avoir aux autres, ne soit pourveu d'un mouvement circulaire, qui luy est naturel & qui n'est point forcé : Car quoy que l'on puisse supposer un corps concave dans lequel la substance Etherée seroit contrainte d'avoir un mouvement circulaire, & de corrompre le mouvement droit qui luy seroit naturel à cause qu'estant enfermée dans une concavité circulaire, elle ne pourroit pas avoir d'autre mouvement : cette hypothese neanmoins qui auroit esté suffisante pour expliquer les phenomenes de la pesanteur, auroit eu des inconveniens qui ne sont pas dans celle du mouvement circulaire naturel. Car premierement ce corps concave seroit une nouvelle machine & une multiplication d'estre sans necessité, estant aussi facile de concevoir un corps simple, dont la nature est d'avoir un mouvement circulaire, que de le concevoir avec un mouvement droit : puifque dans l'hypothefe du mouvement journalier de la terre, il eft conftant qu'il n'y a point de mouvement droit, celuy des corps qui tombent vers le centre de la terre n'eftant tel qu'en apparence; puifque dans la verité c'eft un mouvement fpiral, qui n'eft compofé que de mouvemens circulaires. L'autre inconvenient eft, que ce mouvement circulaire forcé ne fe fait dans un corps fluide qu'avec une grande confufion de fes parties. Or cette confufion diminueroit beaucoup la force & la vehemence que ce mouvement doit avoir pour produire la pefanteur felon la maniere que je l'applique dans mon fyfteme pour cet effet, lequel demande une rapidité extreme, telle qu'eft celle d'aller plufieurs milliers de fois plus vifte que la terre ne fait fur fon axe.

3. Que tous les autres corps ont naturellement repugnance au mouvement.

La troifiéme fuppofition eft, que les corps qui ne font pas naturellement agitez par un principe interne de mouvement, ainfi que le corps Etheré l'eft, font naturellement dans un eftat qui n'eft point indifferant au mouvement & au repos, mais qui a plus d'inclination au repos qu'au mouvement, auquel ils refiftent de leur nature ; & que par consequent ils ne sont pas emportez par le corps qui les pousse, avec la vitesse que ce corps a lors qu'il les pousse. Cette supposition a aussi sa probabilité, quoy qu'il soit difficile de trouver des Phenomenes qui la demonstrent bien evidemment; parce que nous n'avons point de corps qui soit sans un principe naturel de mouvement; puisque nous n'en avons point qui n'ait de la pesanteur. Il y a neanmoins des experiences familieres qui semblent pouvoir faire conclure, que les corps repugnent naturellement au mouvement, quoy que les corps avec lesquels on les fait ayent de la pesanteur.

La premiere experience est celle des Balances; car on sçait qu'elles ont un trait plus fort à proportion qu'elles sont plus chargées, c'est à dire, que les balances qui estant chargées également, par exemple d'une livre de chaque costé, & que l'on fait trebucher avec dix grains, ne pourront trebucher estant chargées de vingt livres : Car l'Equilibre estant dans les deux cas, la pesanteur ne doit point estre consideree; & il semble que la raison par laquelle les dix grains qui font trebucher la balance chargée d'une livre, ne le font pas lorsqu'elle est chargée de vingt, n'est

autre que la repugnance que les corps
ont au mouvement ; qui fait que deux
corps de vingt livres chacun , qui ont
plus de matiere que deux corps d'une
livre chacun , ont plus de difficulté à
eftre remuez & tranfportez , l'un de
haut en bas , & l'autre de bas en haut,
ainfi qu'ils le doivent eftre quand la balance trebuche.

Car les raifons que l'on apporte ordinairement de ce Phenomene , ne font
pas convaincantes. Ariftote croit que
cela arrive à caufe que le mouvement
des baffins de la balance , lorfque l'un
monte & que l'autre defcend , eft oblique ; & que ce mouvement eft forcé &
contraire au mouvement que la pefanteur donne aux corps , qui eft naturellement droit. Car par exemple pour
faire trebucher le corps A , il le faut
faire aller vers B , & luy faire faire le
mouvement oblique A B , qui eft contraire à fon mouvement naturel , qui
eft le mouvement droit A C. Ainfi plus
le poids eft grand dans chaque baffin de
la balance , & plus l'inclination au
mouvement droit , & la repugnance au
mouvement oblique eft grande , & par
confequent plus la balance eft chargée
& plus elle doit avoir de peine à trebucher.

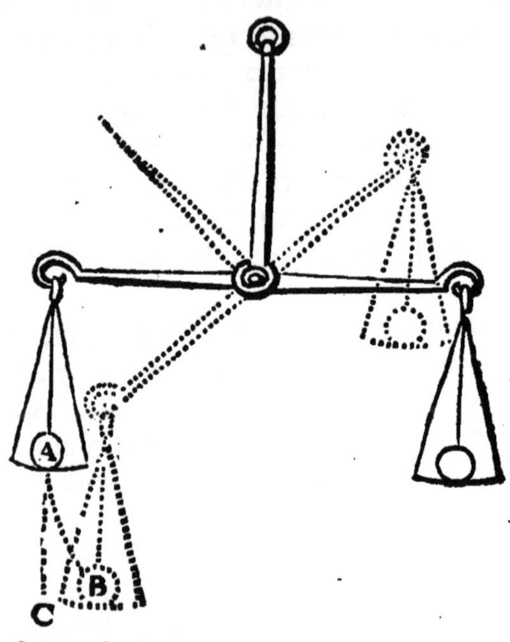

Mais il n'eſt pas ce me ſemble difficile de faire voir la nullité de cette raiſon, meſme ſans examiner ſon fondement; il n'y a qu'à faire une balance où les baſſins puiſſent monter & deſcendre en droite ligne : Car on trouvera que le trait ne laiſſera pas d'eſtre fort ou foible, à proportion du poids dont les baſſins ſont chargez. J'en ay fait l'experience avec une balance que j'ay fait faire, dont voicy la figure.

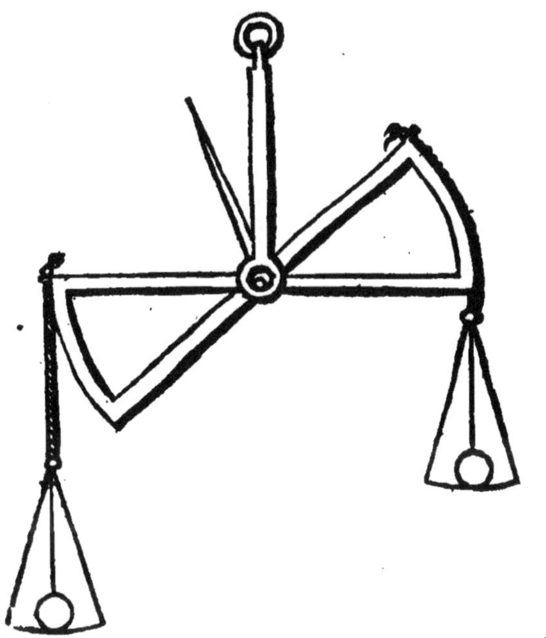

Quelques-uns estiment que la force du trait doit estre attribuée au frottement du pivot de la balance, qui resiste au mouvement à proportion qu'elle est plus chargée. Pour faire voir que l'on peut croire que ce n'est point par cette raison que le trait est plus fort à proportion du poids, j'ay inventé & fait faire une nouvelle maniere de balance, dans laquelle le trebuchement se fait, sans qu'il y ait aucun frottement dans les parties qui y ont mouvement ; ou s'il y a quelque chose qui equipolle à quelque

que frottement, il est évident que ce n'est
qu'un tres-petit empeschement , & qui
ne peut estre augmenté par l'augmentation du poids ; cependant le trait de
cette balance s'augmente à proportion
qu'on la charge davantage, d'où il s'ensuit qu'il faut attribuer la force du trait
à la repugnance naturelle que tous les
corps ont au mouvement, par l'exclusion de toutes les autres causes que l'on
en pourroit soupçonner.

La construction de cette balance est
prise sur celle de la Machine à élever
les fardeaux, que j'ay proposée dans
mes nottes sur Vitruve; où j'applique
le Rouleau à une Machine , montante
à plomb, qui n'avoit encore esté employé qu'à celles qui roulent sur des
plans horizontaux, ou peu inclinez. Cette balance a un Rouleau A, d'un pouce
de diamettre , par exemple qui sert
d'axe à une Poulie BB. de trois Pouces
de Diametre a laquelle il est attaché, de
sorte qu'ils tournent necessairement ensemble; Les deux bouts du Rouleau sont
soustenus par des rubans C D , & il y
a deux autres rubans qui suspendent les
bassins l'un E, qui est attaché à la poulie,
& l'autre F, qui est attaché au rouleau.
Lors que le bassin G, descend, il fait
tourner la poulie B B, & le rouleau A,

qui fait monter le baſſin H : parceque
les rubans qui les ſouſtiennent , eſtant
entortillez d'un ſens contraire l'un à
l'autre , il faut que l'un deſcende quand
l'autre monte. Il arrive auſſi par la meſme raiſon , que lorsque le baſſin G, deſcend , il fait monter & la poulie & le
rouleau , par le moyen des rubans C
& D, qui ſont entortillés d'un autre
ſens : Et cette élevation du rouleau &
de la poulie , fait que la montée du baſſin H , eſt égale à la deſcente du baſſin
G ; quoy que l'entortillement des rubans ne ſoit pas égal ; Le ruban E ,
eſtant entortillé ſur une grande poulie,
& le ruban F , eſtant ſur un petit rouleau. La raiſon de cette égalité vient de
ce que la grande poulie ne laiſſe pas
plus deſcendre de ruban en tournant ,
que le rouleau n'en fait monter, à cauſe
qu'en meſme temps qu'elle tourne, pour
laiſſer deſcendre le baſſin G, l'entortillement des rubans C & D , fait monter
toute la Machine, & diminue la deſcente
du baſſin G : Et cette meſme élevation
augmente la montée du baſſin H , &
ſupplée ce qui manque au rouleau ,
qui luy ſert de poulie , & qui eſt plus
petit des deux tiers que la grande poulie.

Le poids I , eſt adjouſté au baſſin G ,

afin de mettre la balance en equilibre;
ce qu'il fait , quoy qu'il n'ait que la
moitié de la pesanteur du roulcau de

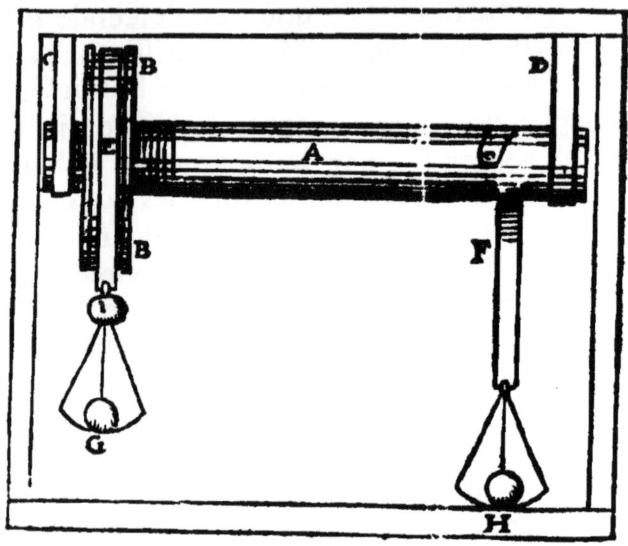

la grande poulie , à cause de la grandeur de la poulie sur laquelle sa pesân-
teur agit. Or il est évident que le mouvement de cette balance , n'a aucun
frottement; puisqu'il ne s'agit que de
faire plier en rond les quatre rubans;
ce qui n'est que comme rien : Mais le
plus important est que cet empeschement , n'est jamais different, quelque
poids qu'on puisse mettre dans la ba-
lance; le pliement des rubans n'estant
pas plus difficile dans un grand, que
dans un petit poids; & cependant le

trait de la balance eſt different, ſelon les differens poids qui y ſont mis.

La ſeconde experience ſe fait avec de l'eau dans un vaiſſeau parfaitement rond ; car on remarque que lorſqu'on fait tourner le vaiſſeau horiſontalement ſur ſon centre, l'eau ne tourne point; & il y a apparence que cela ne ſe fait point par autre raiſon que par la repugnance que l'eau a au movement : parce qu'on ne voit point qu'il y ait d'autre cauſe qui l'empeſche de ſuivre le mouvement du vaiſſeau dans lequel elle eſt, & qui la ſoutient.

La troiſiéme experience eſt celle de deux batteaux que le courant d'une riviere emporte & dont l'un eſt beaucoup plus chargé que l'autre ; car alors il arrive que le moins chargé va le plus viſte, quoy qu'enfonçant moins dans l'eau, il donne moins de priſe à la puiſſance qui les remüe tous deux : En ſorte qu'il y a apparence que c'eſt la repugnance des corps dont le batteau eſt chargé qui retarde ſon mouvement, & non la reſiſtance de l'eau dans laquelle le batteau le plus chargé enfonce d'avantage : parce que l'eau qui va plus viſte, meſme que le moins chargé des deux batteaux, n'eſt pas capable d'apporter de l'obſtacle à leur mouvement, puis qu'elle en est la cause.

Pour ce qui est de la quatriéme supposition, sçavoir que dans le Globe de
la substance Etherée , la vitesse du
mouvement des plans differens & des
differens cercles dont chaque plan est
composé est differente, en sorte que les
plans qui sont vers l'Equateur sont remuez plus lentement que ceux qui sont
vers les Poles , & que les cercles qui
sont proche du centre ont plûtost achevé leur revolution que ceux qui sont
vers la circonference ; je dis que , quoy
qu'elle pust estre receuë comme une
simple hypothese en faveur de l'explication claire & demonstrative qu'elle
donne à un Phenomene qui n'en a
point encore eu ce me semble de cette
nature ; On peut dire qu'elle n'est pas
tout à fait sans fondement d'ailleurs ;
la grande composition du mouvement
qu'il est necessaire de supposer dans
cette substance Etherée qui fait toute
la difficulté , pouvant avoir des causes
manifestes & qu'il est aisé de concevoir. Car je croy que , supposé que le
Globe elementaire qui comprend la
terre, l'eau & l'air ait esté crée à peu
prés en l'estat où il est , & mis au milieu du grand tourbillon general de toute la substance Etherée ; Quoy que le

4. Que le
mouvement
du corps E-
theré a une
vitesse diffe-
rente dans
ses differen-
tes parties.

E iij

mouvement de ce tourbillon fuſt au
commencement, & de ſa propre nature
égal en ſon tout & en ſes parties, c'eſt
à dire que chaque Plan vertical ou tourbillon particulier ſe remuaſt tout d'une
piece de meſme que tout le tourbillon
compoſé des plans verticaux ; l'inéga-
lité que j'y ſuppoſe à preſent luy devoit arriver, c'eſt à dire que les petits
Cercles dans chaque Plan ont dû dans
la ſuitte faire leur revolution en moins
de temps que les grands , & les plans
qui ſont vers l'Equateur l'ont dû faire
auſſi plus lentement que ceux qui ſont
vers les Poles , en voicy la raiſon.

La revolution journaliere du Globe
Elementaire eſtant cauſée par le mouvement de la ſubſtance Etherée qui eſt
ſans comparaiſon plus prompt & plus
rapide que celuy du Globe Elementaire qu'elle remuë & qu'elle penetre
de meſme que le vent qui penetre les
voiles d'un Vaiſſeau qu'il pouſſe, le fait
aller moins viſte qu'il ne va luy-meſme; il arrive que comme le mouvement
du vent qui fait aller les voiles eſt en
quelque façon retardé par l'obſtacle
qu'il rencontre dans les voiles , & que
le vent qui eſt au tour des voiles va
moins viſte qu'ailleurs ; De la meſme
maniere le mouvement de la ſubſtance

Etherée doit eftre retardé par la rencontre de la terre, de l'eau & de l'air
qu'il pouffe. Or comme la conftitution
du Globe elementaire eft telle que les
corps les plus materiels & plus capables
de faire obftacle à la rapidité du mouvement de la fubftance Étherée font vers
le centre, & que les moins difficiles à
remuer, comme l'air, font vers la circonference, il eft aifé de concevoir que
ceux des cerles dont chaque plan eft
compofé qui font les plus éloignez du
centre, doivent avoir fait leur revolution long-temps avant les autres, &

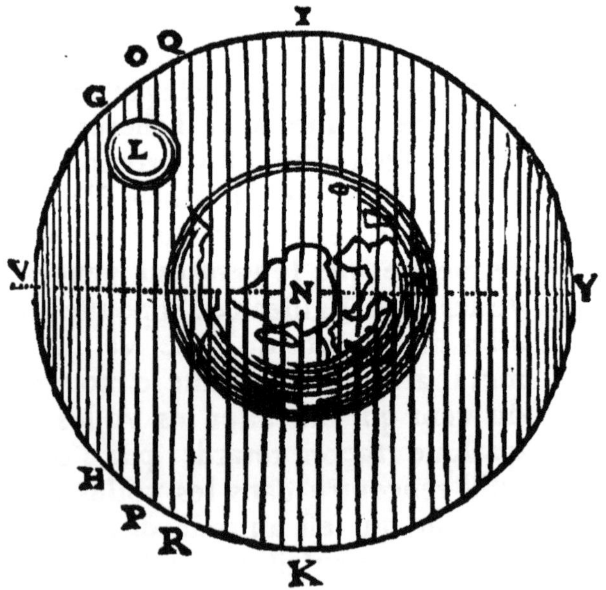

E iiij

par la mesme raison les plans verticaux composez de ces cercles doivent aller plus viste vers les Poles où ils trouvent moins d'obstacles. Car dans la premiere Figure qui represente le grand tourbillon de la substance Etherée composé d'une infinité de plans verticaux paralleles, il est évident que le plan IK, trouve plus d'obstacle que le plan QR, & que le plan OP en trouve moins, & ainsi des autres.

Dans la seconde Figure qui represente un des plans verticaux ; il est clair aussi que le cercle S, qui est un de ceux par lesquels la terre est remuée, trouve plus d'obstacle que le Cercle T, & que les autres qui ne remüent que l'air.

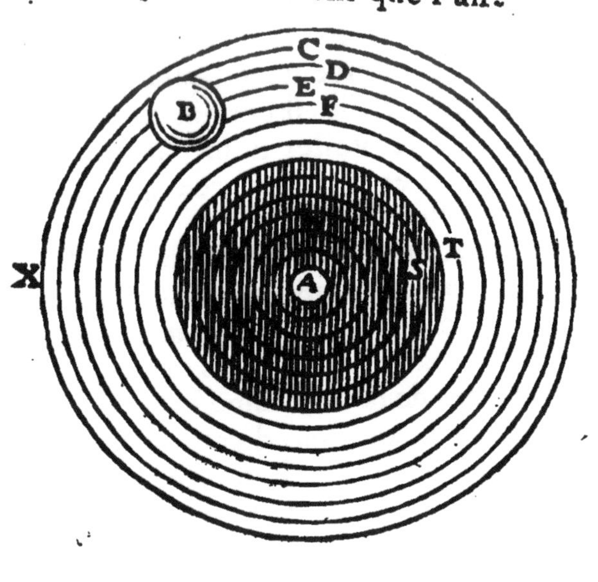

Cela eſtant, il eſt aiſé de juger que bien que le mouvement de la ſubſtance Etherée ſur ſon Axe fuſt ſimple & égal en toutes ſes parties à l'égard de ſon principe interne, il peut par les obſtacles qu'il rencontre, changer de nature, de meſme que le mouvement d'un Fleuve qui, bien que remué par une meſme peſanteur qui pouſſe vers la mer toutes les parties de ſon eau avec une égale force, ne laiſſe pas d'aller plus viſte au milieu que vers les bords & au deſſus qu'au fond où le mouvement de l'eau eſt retardé par le frottement qu'elle a ſur les parties immobiles du canal. Et il ne faut point dire que la terre & les autres corps eſtant emportez par la ſubſtance Etherée n'en doivent pas retarder le mouvement : puis qu'ainſi qu'il a eſté dit, il eſt certain que le vent qui pouſſe les voiles d'un Vaiſſeau, ne laiſſe pas d'en eſtre retardé quoy qu'il les faſſe aller.

On peut ſur ce meſme principe faire des experiences qui expliquent encore plus clairement ces differens mouvemens des plans paralleles, & des cercles concentriques de la ſubſtanne Etherée. Car ſi dans un ſeau plein d'eau on jette de la ſciure de bois ſur l'eau, & qu'on la laiſſe tremper juſqu'à ce qu'elle ſoit ab-

breuvée de telle sorte que les differentes particules du bois estant differemment suspenduës dans l'eau, les unes demeurent dessus, les autres estant vers le
fond, les autres vers le milieu ; si on a-
gite toute l'eau en rond, on verra que
les particules ont des mouvemens differens ; & que celles qui sont prés du
fond vont plus lentement que celles qui
sont vers le milieu, de mesme que celles
qui sont en la surface vont plus viste
que celles du milieu. Quand je dis qu'elles vont plus viste, j'entens qu'elles sont
leur tour en moins de temps, & pour
juger de cela il faut en regardant
toutes les particules au travers de
l'eau, comparer les cercles qui sont à
plomb les uns sur les autres & également
ment distans du milieu : Car on connoist celles qui doivent faire plus promptement leur tour parce qu'elles devancent les autres. Or comme le mouvement de ces particules fait voir distinctement quel est le mouvement de
l'eau qui les emporte ; cette experience
prouve non seulement la possibilité du
mouvement different des plans differens,
mais elle en fait voir la cause qui n'est
rien autre chose que la resistence & l'obstacle que le fond immobile du seau
apporte au mouvement de l'eau laquel-

le frotte contre, parce qu'il arrive qu'à
mesure que l'eau eftant plus éloignée
du fond, eft moins arreftée, elle coule
avec plus de viteffe.

Pour voir comment & par quelle raifon les cercles font differens en viteffe,
il faut mettre dans la mefme eau un
Globe au milieu & le plonger jufqu'à
la moitié de la profondeur de l'eau :
Car on verra que les particules qui
tournent proche du Globe vont plus
lentement que celles qui en font éloignées : parce que l'eau qui eft proche
du Globe eft arreftée par le frottement
qu'elle y fait.

La Figure aidera à rendre cette explication plus claire, fi l'on confidere que
les particules du plan E F, eftant plus

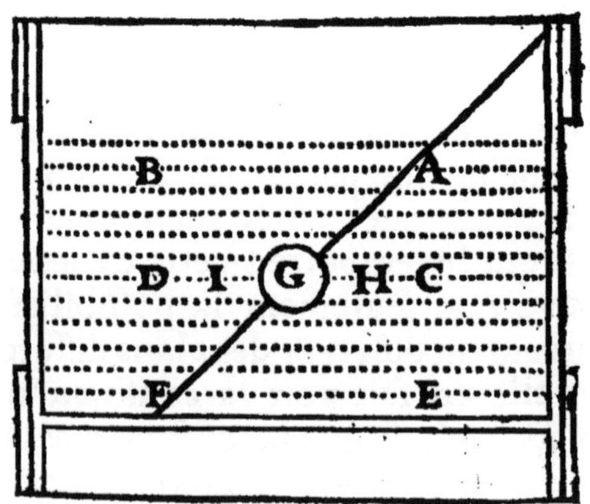

proches du fond du seau doivent aller plus lentement que les particules du plan C H G I D lesquelles en sont plus éloignées, & que les particules du plan A B vont encore plus viste, parce qu'elles sont encore plus delivrées des obstacles que l'immobilité du fond apporte au mouvement de l'eau. Si l'on considere aussi que supposant le Globe G immobile les particules du plan C H G I D feront des cercles differens en force & en vitesse, parce que le grand cercle que les particules font allant de C à D, est plus viste que le petit que les particules font allant de H à I, & dont le mouvement est retardé à cause du voisinage du corps immobile G.

5. *Que le plus petit des corps infusez dans le corps Etheré, est assez large pour estre touché par plusieurs cercles & par plusieurs tourbillons.* La cinquiéme supposition, sçavoir que le plus petit des corps infusez dans le corps Etheré, est assez large pour estre necessairement touché par plusieurs cercles & par plusieurs tourbillons differens en vitesse & en force, n'est pas difficile à comprendre, n'y ayant aucune difficulté à concevoir qu'une chose tres-petite en peut trouver une autre encore plus petite. Il faut donc supposer que quelques petits que soient les corps qui descendent vers le centre de la terre, ils sont toujours assez grands pour estre frappez par plusieurs cercles

& par plusieurs plans differens en vitesse & en force.

AVANT que de dire quelles sont les consequences que l'on tire de ces suppositions, & comment elles servent à expliquer les causes de la Pesanteur, il faut encore rapporter quelques faits & quelques experiences qui peuvent servir tant à confirmer la probabilité des principes que l'on suppose, qu'à donner l'intelligence & l'éclaircissement des consequences qui en sont tirées.

La premiere experience est celle d'un Vaisseau que le gouvernail fait aller obliquement, en l'empeschant de suivre la direction du vent qui le pousse droit, par la raison que la situation du gouvernail luy fait trouver dans l'eau, une resistance qui l'empesche de suivre la vitesse du vent, & que cette resistance estant plus d'un costé du Vaisseau que de l'autre, il s'ensuit qu'il doit aller du costé où il trouve moins de resistance.

La seconde experience est de l'eau du seau dont il a déja esté parlé & dans laquelle on a jetté de la sciure de bois : car l'eau estant agitée en rond, on remarquera que les particules legeres & qui nagent ou sur la surface de l'eau ou entre deux eaux, estant emportées sans

resistance par le cours de l'eau, suivent
de telle sorte sa direction que chaque
particule décrit toûjours un mesme cercle ; Et qu'au contraire s'il y a quelques
particules qui tombent sur le fond lequel est immobile, & qu'elles s'y attachent, en sorte que par cette raison ou
par celle de leur pesanteur qui les a fait
aller à fond, elles resistent en quelque
maniere au mouvement de l'eau, alors
elles ne suivent point sa direction circulaire, mais tournent en ligne spirale,
& se rendent enfin au milieu où elles
s'amassent. La mesme chose se voit dans
les tourbillons du vent qui font tourner
de la poussiere & des feuilles seches ;
car les feuilles que le vent a enlevées
de dessus la terre, tournent en sorte
qu'elles decrivent toujours un mesme
cercle ; Mais celles qui tournent sur la
terre, decrivent une ligne spirale, qui
fait qu'incontinent elles s'amassent au
milieu du tourbillon.

Ces experiences servent à expliquer
la maniere avec laquelle chaque tourbillon parallele, peut faire aller un
corps vers le centre de son plan par l'in-
égalité des cercles concentriques dont
il est composé, & par la resistance que
la repugnance qu'il a au mouvement
apporte à l'impulsion du tourbillon.

La troisiéme experience eſt de mettre
dans une eau courante dans un Canal,
ou meſme dans l'eau qui tourne dans un
ſeau, la boule de cire dont il a eſté parlé,
qui eſt accommodée en ſorte que ſa peſanteur eſt égale à la peſanteur de l'eau
qui luy eſt égale en volume ; ce qui fait
qu'elle n'a ny aſſez de legereté pour nager ſur l'eau, ny aſſez de peſanteur pour
aller au fond: Car ſi l'on empeſche cette
boule de couler auſſi viſte que l'eau
coule dans le canal, ou qu'elle tourne
dans le ſeau en la retenant par un fi-
let tendu obliquement, & dans lequel
elle peut aiſément couler y eſtant enfilée ; elle ne manquera pas de deſcendre au fond ; car cela ſe fait par la
raiſon que la ſurface d'enhaut coulant
avec plus de viteſſe que celle du fond,
& toutes les parties qui ſont entre ces
deux ſurfaces, ayant des mouvemens
plus lents à proportion qu'elles ſont
plus proches du fond, les parties de
l'eau qui ſe remuent avec plus de viteſſe, pouſſent la boule vers celles qui ſe
remuent plus lentement, & celles-là
vers les autres dont le mouvement eſt
encore plus foible. Suppoſé par exemple que la boule G enfilée dans le fil
A F ſoit tellement diſpoſée qu'elle puiſſe
nager entre deux eaux, & qu'elle puiſſe

aisément couler dans le fil : Si l'on fait tourner l'eau, on verra que la boule descendra vers F, par la raison que le plan de l'eau qui tourne à l'endroit de CHGID, estant plus fort que celuy qui est au dessous, & plus foible que celuy qui est au dessus, les plus forts pousseront toûjours, & feront descendre la boule vers les plus foibles qui ne sont pas capables de resister à la force des autres.

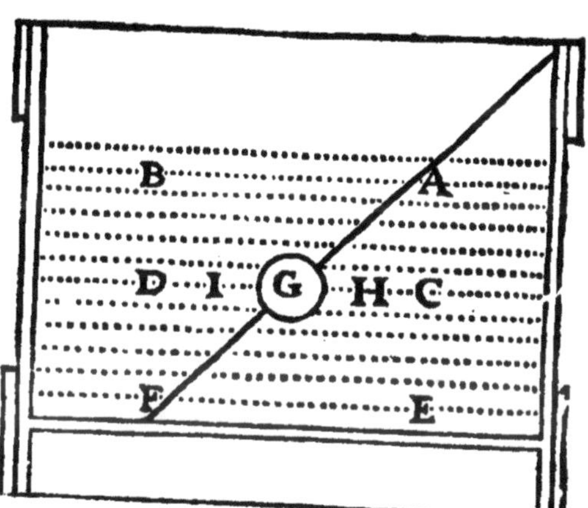

Ces experiences font voir que la resistance qu'un corps apporte au mouvement de la puissance qui le remue, est cause d'en changer la direction, c'est à dire de faire qu'il soit poussé à droit ou à gauche, suivant les occasions qui se peuvent diversement rencontrer de determiner ce gauchissement.

Ainsi le vent qui remue le Vaisseau &

qui le feroit aller droit , s'il n'avoit
rien qui s'oppofaſt à ſon mouvement ,
le fait aller obliquement, quand le gouvernail eſt tourné ; & l'occaſion de ce
gauchiſſement eſt l'obſtacle qu'il rencontre dans l'eau qui l'arreſte , & qui
l'empeſche de ſuivre la viteſſe du vent.

L'exemple de cette premiere experience n'eſt que pour faire entendre en
general , que l'obſtacle qui ſe fait à un
corps emporté par un mouvement rapide , eſt une cauſe de le faire aiſement
gauchir. La ſeconde experience eſt pour
donner l'exemple d'une occaſion particuliere , par laquelle les corps ſont de-
terminez à gauchir d'un certain coſté.
Cet exemple explique auſſi aſſez clairement la maniere dont les corps qui
tendent au centre de la terre , ſont de-
terminez à ſe tourner pluſtoſt vers la
terre qu'autre part.

Pour bien comprendre ces choſes , il
faut concevoir en premier lieu ; que ſi
les corps que la ſubſtance Etherée pouſſe
avec un mouvement tres-rapide d'Oc-
cident en Orient , n'avoient point la
repugnance au mouvement qu'ils ont ,
ils ſeroient emportez par le mouvement
circulaire qui eſt propre & naturel à la
ſubſtance Etherée, & ne feroient jamais
que les meſmes revolutions & les meſ-

mes cercles, de mesme que les scieures legeres qui suivent sans resistance le mouvement circulaire de l'eau qui les emporte ; mais parceque ces corps ne peuvent estre emportez, & aller aussi viste que la substance Etherée qui les poulle, ils declinent ; & l'occasion de leur declinaison n'est point autre, que celle qui fait gauchir les scieures, sçavoir l'inegalité de la puissance qui se rencontre dans les differentes parties de chaque tourbillon, ou plan, & de chacun des cercles dont chaque tourbillon est composé. Car de mesme que la force du mouvement de l'eau qui tourne en rond dans le seau est inegale ; en sorte que la plus grande force est entre la circonference, & l'axe du milieu, & que cette force va toujours en diminuant à mesure que l'on approche de l'axe ; il est aisé de concevoir que le mouvement de la substance Etherée estant toujours moins rapide, & ayant moins de force vers l'axe que vers les parties qui en sont plus éloignées, cette inegalité donne occasion aux corps de gauchir plustost vers l'axe de la terre qu'autre part. En second lieu il faut concevoir que si les corps qui sont poussez par la substance Etherée, estoient si petits que la portion de la substance

Etherée qui les touche, ne fuſt pas aſſez
étenduë pour avoir des parties differentes en force, comme elles en doivent
avoir, il eſt certain qu'ils ne gauchi-
roient jamais : Car comme on voit que
les ſcieures qui touchent au fond du ſeau
gauchiſſent par la raiſon que toutes les
parties d'un meſme grain de ſcieure,
tant celles qui regardent la circonference, que celles qui regardent le centre
du vaſe, eſtant egallement arreſtées par
le frottement qu'elles font lors qu'elles
ſont traiſnées ſur le fond, il s'enſuit
qu'eſtant pouſſées par des forces differentes, elles ne peuvent pas eſtre remuées également ; & que le coſté de la
ſcieure le plus éloigné du centre, eſtant
plus puiſſamment remué, & faiſant plus
de chemin que celuy qui en eſt plus proche, tout le grain doit neceſſairement
decliner vers la partie qui fait moins de
chemin.

Ces reflexions ſont ce me ſemble ſuf-
fiſantes pour faire comprendre de quelle
maniere la circonvolution rapide de la
ſubſtance Etherée au tour de l'axe de la
terre pouſſe vers ſon centre premierement tous les corps qui ſe rencontrent dans le plan de l'Equateur, & en
ſecond lieu comment les corps qui ſe
rencontrent dans les autres plans, ſont

& qui eſt auſſi plus forte dans les tourbil-lons qui ſont plus proches des Poles.

aussi poussez vers le centre de la terre.
Car de mesme que les differens cercles
qui composent le plan du tourbillon de
l'Equateur font gauchir les corps qu'ils
poussent parce qu'ils sont inegaux en
force, & qu'ils les font passer d'un cercle dans l'autre, c'est à dire d'un plus
fort & plus rapide, dans un plus foible
qui le suit, les differens tourbillons ou
plans paralleles qui composent ce globe
de la substance Etherée, font aussi gauchir les corps qu'ils poussent, & tourner
vers l'Equateur, parce qu'ils sont inegaux en force, & qu'ils les font passer
d'un tourbillon en un autre, c'est à dire
d'un plus fort en un plus foible; & comme les tourbillons sont plus foibles vers
l'Equateur que vers les Poles, les corps
ne peuvent pas se detourner autre part
que vers l'Equateur.

Par exemple dans la figure qui est à la
page 104. les differens cercles qui composent le plan qu'elle represente, estant
differens en force, poussent differam-
ment le corps B, en sorte que les corpuscules de la substance Etherée dont le
cercle C est composé, ayant plus de
force que ceux du cercle D, & ceux du
cercle D, que ceux du cercle E, & ceux
du cercle E, que ceux du cercle F, il
est evident qu'il faut que le corps B

gauchiſſe , & paſſe du cercle C , dans
le cercle E , & de là dans le cercle F :
ce qui fait qu'en allant vers X , il s'approche d'A , qui eſt le centre de la
terre.

Par la meſme raiſon de la differente
impulſion cauſée par les corpuſcules de
la ſubſtance Etherée , il paroiſt dans
cette autre figure que le plan G H ayant
plus de force que le plan O P , & celuy
là eſtant auſſi plus fort que le plan Q R ,
le corps L ne paſſera pas dans le plan
G H pour aller vers V , mais qu'au
contraire il ira vers Y ; le plan O P à

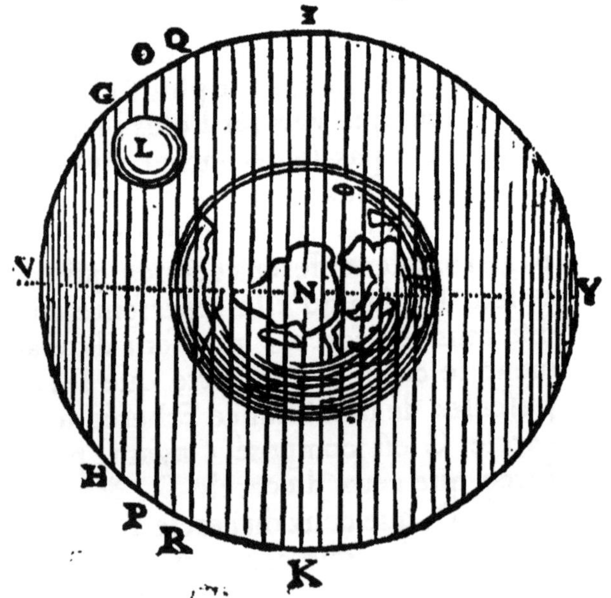

cause de sa foibleſſe n'eſtant pas capable de reſiſter à la force du plan G H ; de meſme que le plan Q R par la meſme raiſon ne reſiſtera jamais à l'impulſion du plan O P , qui eſt plus forte : Et ainſi tous les corps doivent eſtre pouſſez d'un plan dans un autre , ſçavoir du plus fort dans le plus foible ; & par-conſequent vers l'Equateur où les plans ſont les plus foibles,& vers le centre de la terre qui eſt dans le vertical de l'Equateur.

De ſorte qu'il faut ſe figurer que tous les corps qui tombent vers le centre de la terre , y ſont pouſſez en deux manieres. La premiere & la plus ſimple eſt celle par laquelle les corps qui ſont dans le plan de l'Equateur , ſont abbatus par le tourbillon qui eſt dans ce plan , duquel ces corps ne ſortant point, ils paſſent ſeulement d'un de ſes cercles dans l'autre , ſçavoir d'un plus grand dans un moindre qui le ſuit. La ſeconde maniere eſt celle par laquelle les corps qui ſont dans le plan des autres tourbillons ſont abbatus par ces tourbillons , qui font paſſer les corps non ſeulement d'un cercle dans un autre plus petit , mais d'un tourbillon plus fort dans un moins fort. Ainſi leur mouvement eſt compoſé de trois autres mouvemens , ſçavoir de celuy de toute la maſſe Etherée, qui ſe fait au tour de l'axe du monde ; de celuy qui ſe fait dans les differens cercles de chaque tourbillon ; & de celuy qui ſe fait en paſſant d'un tourbillon dans l'autre. Ces trois differens mouvemens dans un meſme corps, compoſent une ligne ſpirale, qui nous paroiſt droite & comme allant au centre de la terre ſans ſe detourner, à cauſe que le mouvement circulaire de la terre qui nous emporte, nous oſte la connoiſſance du mouvement qui ſe fait au tour de l'axe de la terre, & ne nous laiſſe ſentir que celuy qui ſe fait d'un tourbillon dans l'autre, & d'un cercle d'un tourbillon dans un autre cercle : car ces deux mouvemens eſtant joints enſemble n'en produiſent qu'un, qui ſelon nous tend directement au centre de la terre.

Mais il faut remarquer que nous ſuivons le mouvement de la terre, non ſeulement parce qu'elle nous emporte comme un chariot, mais principalement parce que la meſme cauſe qui fait remuer la terre, nous pouſſe auſſi en meſme temps : Et c'eſt par cette raiſon que les choſes qui ſont ſeparées de la terre, comme les oiſeaux qui volent, la pluye, la greſle, & la neige tombent ſur la ter-

dont eſt cômpoſée une ligne ſpirale qui nous paroiſt droite,

parce que nous ſuivons le mouvement de la terre qui nous emporte, & celuy du corps etheré qui nous pouſſe. Exemples & experiences pour confirmer ce Syſteme.

re & tendent à son centre ; car les tourbillons qui donnent le mouvement à
tout le globe de la terre, poussent chacune de ses parties à part ; de mesme
qu'il arrive à un vaisseau que le vent
fait aller, en sorte que non seulement
le corps du vaisseau est emporté, mais
aussi toutes ses parties sont poussées
chacune en leur particulier, le vent
qui pousse les voiles poussant aussi les
mats, les cordages, & ce qu'il y a du
corps du vaisseau hors de l'eau ; au contraire de celuy qui est emporté par le
courant de l'eau, qui ne pousse que le
corps du vaisseau, & qui ne fait aller les
choses qui sont dessus, qu'à cause qu'elles y sont attachées par leur pesanteur.

Les banderolles font voir cela clairement ; car celles des vaisseaux qui sont
poussez par le vent, ont leurs pointes
tournées vers la prouë, & celles de ceux
qui sont emportez par les courans, ou
par les rames, ont les banderolles vers
la poupe, estant traisnées par le vaisseau,
& non pas emportées avec le vaisseau
comme les autres.

Pour finir cette seconde Partie, il faut
satisfaire aux objections qu'on a pu pre-
voir : car premierement on peut trouver
deux

deux inconveniens dans les hypotheses qui ont esté faites du mouvement de la substance Etherée. Le premier est, que supposant ce mouvement sur un axe, il faut que cet axe soit immobile, d'où il s'ensuivroit que les corps situez à l'endroit de cet axe, sçavoir depuis le centre de la terre jusqu'aux poles, n'auroient rien qui les poussast vers le centre de la terre. La response est, que cet axe estant indivisible, & les moindres corpuscules ayant une extension ils trouvent dans le mouvement different des cercles qui sont proches de l'axe, & dans la differente vitesse des tourbillons, la cause de leur impulsion. Et tout au pis aller, il s'ensuivroit seulement, que la chute des corps vers l'axe du monde seroit plus lente que vers les autres endroits ; ce qui n'est point un inconvenient considerable, parce que nous n'avons point d'experience de ce qui se fait sous les poles, par laquelle nous puissions estre assurez que la chose ne soit pas ainsi.

La seconde objection est, que si les corps qui sont proches des poles ont besoin que les tourbillons ou plans paraleles de la substance Etherée, qui les poussent ayent un mouvement plus viste que les plans qui sont vers l'Equateur, il s'ensuivroit que tous les corps qui sont

I V.
Réponse à quelques objections.

auffi proches qu'eux de l'axe de la terre
devroient requerir la mefme vitefle dans
l'endroit des plans paraleles qui les pouffent ; ce qui ne peut eftre felon les hypothefes qui ont efté eftablies, parce que
fi par exemple le plan qui eft au droit de
l'Equateur eft plus lent que celuy qui eft
vers le pole , les cercles de ce mefme
plan environ à dix pieds de l'axe auront
un mouvement beaucoup plus lent que
ceux du plan qui eft prés du Pole , & où
la furface de la terre n'eft qu'à dix pieds
de l'axe ; & par confequent ces cercles
feront incapables de faire tourner cet
endroit de la terre , & encore plus d'y
caufer la pefanteur.

Cette objection feroit bien preffante
fi l'on eftoit affuré quelle eft la pefanteur des corps proche du centre de la
terre , & mefme qu'on fuft affuré qu'il y
ait des corps terreftres en cet endroit.
Mais ces chofes n'eftant point certaines
& toute noftre connoiffance pour celles
qui font au fond de la terre ne s'etendant
guere au deffous de fa furface ; l'on peut
dire que l'abfurdité fur laquelle cette
objection eft fondée n'a aucune force :
car toute cette abfurdité ne va qu'à faire
conclure que les corps vers le centre de
la terre ont moins de pefanteur que vers
la circonferance, à caufe de la lenteur du

mouvement de la substance Etherée en
cet endroit ; qu'autour du centre de la
terre , il y a un tres-grand espace vuide
de terre & remply seulement de la substance Etherée ; de mesme qu'il y a apparence qu'au dessus de l'air elle est pure
sans aucun meslange d'air ny d'autres
corps , par une raison opposée qui est sa
tres-grande force qui luy fait abattre
tous les corps qui se pourroient rencontrer en cette region ; au lieu que c'est sa
foiblesse qui fait qu'elle ne les peut plus
abattre aux endroits qui sont vers le centre de son mouvement : mais nous ne
sçaurions estre convaincus que toutes
ces choses ayent aucunes absurditez.

Enfin on peut dire si l'on veut que mes
hypotheses ne me sçauroient estre ac-
cordées que gratuitement , & qu'on aura aussi-tost fait de prendre la pesanteur
comme une hypothese qui n'a pas plus
d'obscurité que celles que l'on employe
pour l'expliquer. Mais je répons que la
pluspart de mes hypotheses telles que
sont la modification du mouvement de
la substance Etherée qui fait les differentes vitesses des tourbillons , & la repugnance que les corps ont au mouvement sont des choses dont on peut aisement expliquer les raisons , & en appuyer la probabilité ; & que quand il

y en auroit quelqu'une , comme le mouvement simple de la substance Etherée;
dont on ignoreroit la cause , il n'y auroit aucun inconvenient , cette obscurité estant dans tous les premiers principes , qui doivent toujours estre reçus
quelque inconnuës que puissent estre
leurs causes, pourvu que ce qu'on y suppose fasse connoistre la maniere qui les
rend propres à produire l'effet dont ils
sont le principe ; & que ce qu'on y suppose ne trouve aucune repugnance dans
des faits averez.

Il faut avoüer que cette maniere d'expliquer les choses qui sont inconnuës
dans la nature , par des analogies & par
la comparaison des causes & des effets
qui tombent sous nostre connoissance ,
demande beaucoup d'indulgence , &
qu'il est necessaire que l'esprit supplée,
ce qui manque à la comparaison , en ne
prenant que ce qu'elle a qui sert au sujet ; & il faut encore qu'il supplée quelque fois & fournisse des circonstances , sans lesquelles les choses ne sçauroient se faire ainsi qu'elles se font , à
moins que de supposer une justesse &
une exactitude admirable & presque incomprehensible dans la proportion qui
se doit rencontrer entre l'energie des
forces mouvantes , & la resistance des

corps remuez. Car si par exemple des corps legers jettez en l'air au dessus d'un vaisseau, le tout estant emporté par le vent, font comprendre en general la maniere dont les corps qui tombent sur la terre sont emportez avec la terre ; cet exemple ne repond pas entierement au phenomene pour l'explication duquel on l'employe ; parce que si ces corps legers sont de nature differente, par la differente proportion de leur volume à leur pesanteur, il y en aura qui devanceront le vaisseau, & d'autres qui retomberont à l'endroit mesme qu'ils auront esté jettez ; ce qui n'arrive pas aux corps detachez de la terre ; qui doivent tous suivre exactement un mesme mouvement, pour paroistre tomber droit comme ils font vers le centre de la terre. Il faut donc supposer dans le corps Etheré qui pousse tous les autres corps, une subtilité qui n'est point dans l'air ; Car par cette raison les corps emportez par le vent ne donnent plus ou moins de prise à l'air qui les pousse, qu'à proportion de leur volume ; & ainsi les corps rares, qui ont beaucoup de volume, donnent beaucoup de prise, & les compactes qui en ont moins n'en donnent pas tant ; quoy que la pesanteur qui fait resister à l'impulsion du vent, soit sup-

posée egale dans les uns & dans les autres. Mais le corps Etheré, qui par sa
subtilité penetre tous les pores qui sont
dans les autres corps, & à qui il n'y a que
les parties solides qui donnent prise, les
remuë tous egalement, quelques differens qu'il puissent estre en volume; parce qu'ils ne resistent au mouvement, que
par le moyen de ces parties solides. Ainsi
un corps qui ayant beaucoup de parties
solides, resiste beaucoup au mouvement, donne aussi à proportion beaucoup de prise au corps Etheré qui le
pousse; & un corps rare qui resiste moins
au mouvement, donne aussi à proportion moins de prise à l'impulsion du
corps Etheré. Cela fait que tous les
corps que la substance Etherée pousse
sont emportez d'une egale vitesse, &
autrement que ceux que le vent emporte, dont les uns devancent les autres.

Il est encore necessaire que l'esprit
supplée des circonstances assez difficiles
à s'imaginer dans les tourbillons paralleles qui ont esté supposez: Car il faut concevoir une proportion parfaitement juste entre la force, c'est à dire, la vitesse
d'un tourbillon, & celle d'un autre,
avec la force des differens cercles qui
composent chaque tourbillon : Car si la

proportion de la force des cercles entre-
eux eſtoit plus grande que la proportion
des tourbillons à l'eſgard les uns des autres ; les corps qui ſont hors du plan de
l'Equateur, n'iroient pas vers le centre,mais vers l'axe en ſe detournant vers
le pole du coſté duquel ils ſont : ou ſi la
viteſſe des tourbillons alloit en s'augmentant vers les poles, avec plus de
force que la viteſſe des cercles differens
qui ſont dans chaque tourbillon ne va en
s'augmentant vers la circonferance du
tourbillon, les corps au lieu d'aller droit
au centre de la terre, paſſeroient au delà, & iroient vers le pole opposé.

Mais je ne ſçay ſi la ſuppoſition de
cette egalité auſſi juſte & auſſi exacte
qu'il la faut ſuppoſer eſt une choſe plus
difficile à comprendre que je ne croy :
Car il me ſemble que je la comprends
bien ; & quoy que je me ſerve des machines dont nous avons la connoiſſance
pour expliquer le Syſteme du monde
que nous ne connoiſſons point ; & que
je ſçache qu'une juſteſſe & une exactitude parfaite, ne ſe rencontre jamais
dans nos machines ; cela n'eſt pas capable de m'empeſcher de croire que le
monde ne ſoit une machine, & que
cette machine ne puiſſe eſtre telle que
je l'ay expliquée ; parce que je croy

que cette machine est faite par un ouvrier capable de luy donner une perfection qui ne se trouve point dans aucunes des autres machines. Ainsi cette proportion si juste & si immuable, que je suppose dans les divers mouvemens des differentes parties dont les tourbillont font composez, n'a ce me semble rien d'étrange & d'incomprehensible, en cette qualité de parfaitement juste, de sagement reglée & de constamment immuable; puis qu'il faut necessairement supposer des causes de cette nature dans la Pesanteur, dans le Ressort & dans la Dureté des Corps, que nous voyons conserver si constamment & si exactement ces affections inseparables de leur estre. Le Systeme de ces tourbillons est à la verité un peu estrange; Mais il ne le seroit pas moins s'il estoit aussi vray & aussi averé que je le croy vray-semblable, & l'on peut dire enfin qu'il y a beaucoup de choses qui peuvent raisonnablement fonder sa vray-semblance, & je croy qu'il n'y en a point qui la puissent détruire.

DU MOUVEMENT
PERISTALTIQUE.

AVERTISSEMENT.

DANS *le traité precedent j'ay apporté quelques exemples pour confirmer la probabilité des principes qui y font eftablis, en faifant voir la maniere dont on peut les employer pour decouvrir les caufes de ce qui fe fait dans la Nature. Or par les chofes qui y font expliquées lefquelles n'appartiennent qu'à des fimples qualitez, il eft aifé de juger que ces principes peuvent s'eftendre encore à beaucoup d'autres fujets. Dans les Traitez qui fuivent j'applique ces principes generaux & ces fimples qualitez à d'autres fujets particuliers & plus compofez tels que font les corps vivans : Car dans ce traité qui eft du mouvement Periftaltique, & dans celuy ou il eft traité de la Circulation de la feve des plantes, j'explique comment le Reffort qui fait la compreßion des parties dans tous les corps vivans, eft la caufe des principaux mouvemens que la Nature employe pour les fonctions des plantes & des animaux; de mefme que dans le traité fuivant qui eft du Bruit, je fais voir en recherchant ce qui concerne l'emotion des corps choquez, &*

F v

130
celle que l'ame des animaux reçoit dans la
senfation causée par cette emotion , dont le
Reffort eſt le principe, que cette caufe generale appartient egalement aux corps inani.
mez , & à ceux qui ont un ame senfitive.

DU MOUVEMENT
PERISTALTIQUE.

LA preparation & la perfection tant des humeurs que des esprits, & leur distribution par tous le corps des Animaux & generalement de tout ce qui vit, supposent un mouvement local. La coction des alimens & l'assimilation mesme n'en souffrent point d'autre ; le mouvement que l'on appelle vulgairement alteratif n'estant autre chose en effet qu'un mouvement local , mais obscur & moins perceptible , à cause qu'il se fait en des parties plus petites & par des espaces plus resserrez ; de mesme que le mouvement de l'eau lors qu'elle commence à s'eschauffer sur le feu , pour estre imperceptible n'est point d'une autre espece que celuy qui luy arrive lors qu'elle bout à gros bouillons.

Desorte qu'il faut supposer deux mouvemens dans les actions par lesquelles la nature agit sur les humeurs & sur les esprits , l'un est manifeste par lequel la masse des humeurs ou des esprits est agitée , poussée & transportée en divers lieux ; l'autre est obscur par lequel les parties differentes dont est composée cette masse , sont d'abord couppées &

F vj

separées pour le retranchement de ce qui eſt inutile, & enſuite meſlées enſemble, & enfin unies pour compoſer les differens mixtes qui en reſultent, ſoit que ce ſoit le chyle ou le ſang, ou les parties meſmes qui ſont actuellement nourries ou enfin les eſprits.

Bien que ce mouvement obſcur depende principallement de la ſubſtance des organes qui font la coction, & de ce que l'on appelle leur temperamment, lorſque par le moyen des particules diſſolvantes & trenchantes, s'il faut ainſi dire, que ces organes contiennent, ils diviſent & denoüent les liens qui conſtituent la nature des matieres ſur leſquelles ils agiſſent pour la changer en une autre, en les rendant capables d'eſtre renoüez d'une nouvelle maniere; il eſt pourtant vray de dire, que l'agitation & la compreſſion y aydent beaucoup, & y ſont meſme neceſſaires, eſtant vrayſemblable que ſi ces particules diſſolvantes & penetrantes qui ſortent de la ſubſtance des parties dediées à la coction ſont le ciſeau, les parties qui compriment, qui battent & qui ſerrent ces particules penetrantes, ſont le marteau avec lequel la nature travaille à l'admirable ouvrage des actions des animaux, leſquelles dependent toutes de la coction & de la diſtribution des humeurs & des eſprits.

Car il faut ſuppoſer que toutes les parties du corps eſtant ſerrées & comme empacquetées les unes avec les autres, enſorte qu'il n'y a point de vuide, les matieres qui ſont contenuës dans les cavitez ſe trouvent inceſſamment preſſées par les parties qui ſont au tour des cavitez, & que l'effet de cette compreſſion eſt encore beaucoup augmenté par le mouvement du cœur qui pouſſe le ſang dans les arteres ; par celuy du diaphragme & des muſcles de la poitrine & du ventre, qui hauſſent & baiſſent & paitriſſent inceſſamment toutes les entrailles ; de meſme que les autres muſcles agitent auſſi tout le corps par leur contraction & relaxation, par la flexion & par l'extenſion des parties ; enſorte qu'à proportion que les animaux doivent uſer d'une nourriture plus abondante, la nature leur a donné plus d'inclination à ſe remuer, ainſi qu'il ſe voit dans les enfans, qui aiment à courir & à ſauter, à cauſe du beſoin qu'ils ont de ſe nourrir beaucoup dans l'âge de leur accroiſſement.

Mais ſi ce mouvement ſert comme il a eſté dit à la coction des alimens ou des eſprits, il doit eſtre eſtimé le prin-

cipal auteur de leur diſtribution ; parce
que les matieres eſtant ainſi preſsées
dans les vaiſſeaux qui les contiennent,
ſont forcées de couler & de s'inſinuer
dans les conduits du corps, meſme les
plus petits, ou elles peuvent trouver
quelque paſſage.

Cette compreſſion & cette impulſion
des matieres contenuës, eſt principalement remarquable dans le cœur &
dans les arteres, qui ſe comment &
ſe reſſerrent en des manieres differentes : car le cœur par la force de ſes fibres, qui s'accourciſſant étreciſſent ſes
ventricules, cauſe une impulſion du ſang
laquelle trouve de la reſiſtance dans les
arteres, parce que leurs tuniques ſont
composées de fibres dures & fermes ;
mais elle ne laiſſe pas de la forcer en
quelque façon, & cela leur cauſe une
dilatation qui produit enſuite une conſtriction, parce qu'eſtant dures comme
elles ſont, elles ont le pouvoir de revenir à leur eſtat naturel, par la force de

leur reſſort : & ainſi elles compriment
à leur tour & pouſſent le ſang lorſque
l'impulſion du cœur ceſſe, parce qu'il ſe
dilate pour recevoir le ſang qu'il doit
pouſſer enſuite. Or cela a du eſtre
ainſi : parce que ſi des arteres ſe dila-
toient & pretoient beaucoup lorſque le

cœur ſe comprime, & qu'il pouſſe le
ſang dans les arteres, le ſang qui doit
eſtre battu, comprimé & comme corroyé
ne le ſeroit pas ſuffiſamment, les tuniques des arteres obeïſſant à l'impulſion
qui doit operer une intruſion violen-
te du ſang qu'elles fourrent dans
les parties; & la diſtribution ſe feroit auſſi trop foiblement; de meſme
que ſi dans l'inſtant que l'on pouſſe le
piſton d'une pompe, le tuyau qui reçoit
l'eau pour la porter où l'on la veut ele-
ver, ſe dilatoit; car il eſt certain, que
l'impulſion ſeroit affoiblie. Il eſt encore
évident, que ſi les arteres n'obeïſſoient
point du tout, & qu'elles demeuraſſent
fermes, comme feroit un tuyau de metail, l'impulſion du ſang ſeroit interrom-
puë lorſque le cœur ſe dilate, & ſeroit
auſſi beaucoup affoiblie par cette diſ-
continuation : au lieu que cette dilatation des arteres leur cauſe un retour qui
entretient la continuité de l'impulſion,
celle des arteres ſuccedant à celle du
cœur. Cela eſt expliqué plus au long dans
le traité de la Mechanique des Animaux.

On peut trouver un argument aſſez
probable pour cette conſtriction des
arteres, en ce qui ſe voit dans les corps
des animaux aprés leur mort, où l'on
trouve toûjours les arteres vuides de

sang, quoy que les veines en soient remplies ; car cela fait voir que toutes les
arteres mesme jusqu'aux plus deliées, se
compriment tant que le cœur conserve
son mouvement, & il est certain que cette vertu de se comprimer leur doit demeurer apres que le cœur a cessé de l'a-
voir, ainsi qu'il a esté dit, n'y ayant rien
qui puisse faire passer le sang des arteres
dans les veines lorsque le cœur n'en reçoit & n'en donne plus, & que l'impulsion qui vient du cœur cesse, que la vertu particuliere que les arteres ont de se
comprimer, par le moyen de leur ressort. Car la raison qui fait qu'il demeure du sang dans le cœur quoy qu'il n'en
reste plus dans les arteres, est que les arteres naturellement & independemment
de la vie sont capables d'une constriction
& d'un reserrement qui fait qu'elles ne
sont dilatées que par une cause externe
qui les force, telle qu'est l'impulsion du
sang causée par le cœur : Au lieu que le
cœur ayant naturellement les deux mouvemens de constriction & de dilatation
qui sont des actions lesquelles dependent
de la vie, il arrive que quand cette cause de ces actions cesse, il n'est ny reser-
ré tout à fait ny entierement dilaté.

On peut encore adjouster qu'il semble
que le cerveau a aussi une espece de com-

preſſion qui ſert à la preparation & à la diſtribution du ſang & des eſprits animaux. Cette compreſſion ſe fait par le mouvement des arteres qui penetrent la ſubſtance du cerveau en mille endroits, & qui ſont deſtituées de leur tunique externe; afin qu'eſtant librement dilatées par l'impulſion du cœur, elles dilatent auſſi le cerveau qui à cauſe de ſa conſiſtance molaſſe & ſolide tout enſemble, ſe dilate aiſement par l'impulſion des arteres, & ſe reſſerre enſuite avec la meſme facilité par une conſidence cauſée par ſa moleſſe & par ſa peſanteur, & ſi l'on veut meſme par quelque eſpece de reſſort. Car l'experience fait voir, que pour peu que l'on ſouffle dans la Carotide & dans la Cervicale, tout le cerveau s'eleve & retombe auſſi-toſt que l'on ceſſe de ſouffler.

Ce ſyſteme qui fait que toutes les actions des corps vivans ſont attribuées à la compreſſion & à l'impulſion, eſt commun auſſi aux autres choſes du monde qui agiſſent preſque toutes par ce principe. J'en ay parlé amplement dans le traité du Reſſort & de la Dureté des corps, où j'attribuë les premieres & plus importantes actions & diſpoſitions des corps naturels, à la compreſſion de la partie ſubtile de l'air.

Quelques-uns des anciens Philofophes femblent avoir eu la mefme penfée, mais ils s'en font aflez mal expliquez, pour faire que ceux qui ont lû leurs ouvrages ne s'en foient pas aperçus : fi ce n'eft qu'au contraire , je les explique trop bien ; je veux dire , que je leur attribuë des penfées qu'ils n'ont jamais eües.

Il femble neanmoins , que c'eft par ce fyfteme dont il s'agit , que Platon rend raifon de tous les mouvemens que l'on attribuë à la Traction, & qu'il eftime que tous les corps qui compofent l'Univers font tellement ferrez & preffez les uns contre les autres , que pour attirer un corps , il n'y a qu'à luy faire une place , dans laquelle il eft neceffairement poufsé par les autres , & c'eft là la raifon qu'il donne du mouvement mutuel que le fer & l'aiman ont l'un vers l'autre , fçavoir qu'ils y font pouffez par la preffion de ce qui les environne. Hippocrate eftablit cette compreffion qu'il appelle fyntonie & qu'il reconnoift dans les arteres , dans le cerveau , dans la matrice , & generalement dans toutes les parties du corps. Erafiftrate au raport de Galien , tient qu'elle eft la caufe de la coction & de la diftribution des alimens , & Galien mefme ne la rejette pas tout-à-fait. Il reconnoift mefme dans les mufcles une conftriction differente de celle qui eft volontaire ; cette conftriction eftant faite par l'acourciffement des fibres , qui comme des refforts rentrent d'elles - mefmes dans leur eftat naturel, apres qu'elles ont efté eftenduës par une puiffance externe. Enfin cette conftriction & cette compreffion des parties fe trouve non feulement dans les animaux , mais la nature n'a pas voulu que les plantes en fuffent privées : Car elle les a rendu flexibles & capables de reffort , afin qu'étant agitées par le vent , le fuc qu'elles contiennent pour leur nourriture foit prefsé de telle forte entre les fibres qui le conduifent , que fes parties fe meflent plus exactement les unes avec les autres, pour la coction de la feve , & foient chafsées avec plus de force pour fa diftribution dans les parties les plus éloignées. Il y a mefme à prefent des Philofophes qui eftiment que les plantes ont une conftriction & une dilatation occulte qui leur tient lieu de refpiration.

Or ce mouvement par lequel les cavitez du corps font ainfi preffées & comprimées , peut en general eftre appellé Periftaltique , parce qu'il confifte dans l'approche des parties lefquelles font comme envoyées au tour d'une autre

que l'on appelle le mouvement Periftaltique.

pour la ferrer : & quoy qu'ordinairement on ne l'attribuë qu'à l'action par
laquelle les inteftins travaillent à la coction & à la diftribution du chyle, il
eft pourtant vray que c'eft une action
commune à toutes les parties qui alte-
rent, qui preparent, qui cuifent & qui di-
ftribuent les humeurs & les efprits, qui
font la matiere & les inftrumens de toutes les actions des animaux.

Les valvules
du corps des
animaux fer-
vent à ce
mouvement,

C'eft pour l'acompliffement de l'ufage de cette impulfion que la nature a
placé des valvules d'efpace en efpace;
prefque dans toutes les veines & dans
plufieurs autres vaiffeaux, & qu'elle
n'en a point mis dans les arteres : car il
faut concevoir que toutes les arteres
eftant comme elles font fans valvules,
elles ne compofent toutes que comme
un feul vaiffeau ; au lieu que les veines
font feparées comme en autant de vaiffeaux qu'il y a de valvules, à prendre
depuis chaque valvule jufqu'au cœur :
en forte qu'il arrive que lors qu'une
veine eft comprimée en quelque endroit
particulier, cette compreffion aide au
mouvement naturel du fang depuis cet
endroit-là jufqu'au cœur, & ne nuit
point à celuy du fang qui eft dans la partie de la veine fcituée au deffous de la
valvule, laquelle refifte au regonfle-

ment ou reflus qui ſe feroit au deſſous
de l'endroit où il ſe fait une compreſſion particuliere ; ſi la valvule ne l'em-
peſchoit ; ce qui devoit eſtre tout autrement dans les arteres , dans leſquelles
il eſt neceſſaire , que le ſang refluë des
deux coſtez lors qu'elles ſont comprimées , & qu'il ſe fait une impulſion du
ſang qu'elles contiennent differente de
celle qu'elles reçoivent ordinairement
du cœur ; telle qu'eſt celle que la reſpiration ou le gonflement que les muſcles
ſouffrent dans leur action pour le mouvement, peuvent cauſer. Parce que comme il ſe trouve ſouvent qu'il y a des
arteres qui ſont plus comprimées les
unes que les autres par les parties voiſines , & qu'il eſt expedient que l'impulſion ſoit égale par tout , il arrive qu'en
quelque endroit que cette compreſſion particuliere ſe faſſe ſur une artere ,
ſon effet eſt communiqué & partagé à
toutes les autres , à cauſe de la continuité de la matiere contenuë , & de la
liberté qu'elle a de couler de tous les
coſtez.

Ainſi par exemple lors qu'il ſe fait
une compreſſion particuliere ſur la partie E de l'artere A, l'effet de l'impulſion
n'eſt pas moindre dans les rameaux C
& G , que dans les rameaux D & H ; au

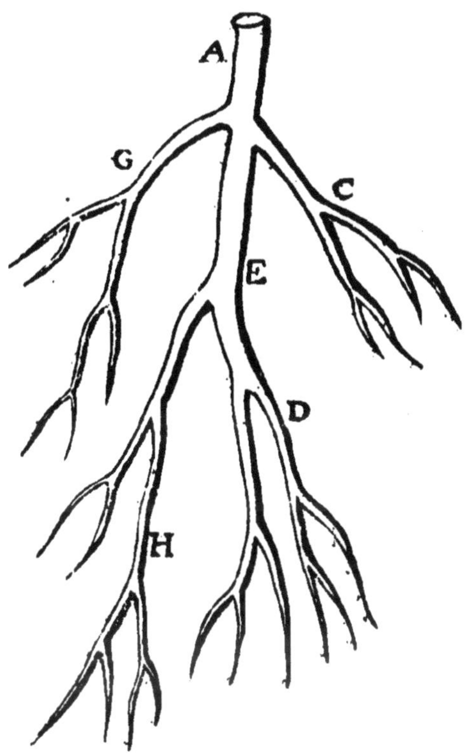

contraire de la veine B , où la compreffion faite fur l'endroit E , n'a point
d'effet fur les rameaux D & H , mais
feulement fur le tronc E B , le long duquel feulement le fang doit couler , &
ne peut autrement à caufe de l'oppofi-
tion des valvules qui empefchent qu'il
ne retourne dans les rameaux qui font

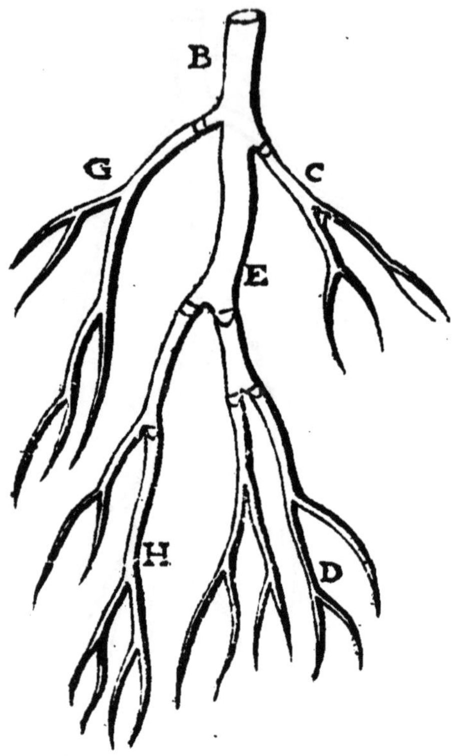

marquez C & G , ny dans ceux qui sont
marquez D & H.

Il faut encore ajouster que les arteres,
ainsi qu'il a esté dit , ayant un mouvement de constriction qui leur est propre,
& semblable à celuy du cœur, il se fait
par son moyen un effet qui supplée en
quelque façon à celuy des valvules ;

de mesme
que la vertu
que les arte-
res ont de se
resserrer,

parce que cette faculté de se reſſerrer,
qui vient du reſſort de leurs fibres, & de
leurs tuniques, eſtant plus puiſſante à.
proportion que les arteres ſont plus
groſſes & plus proches du cœur, il arrive que les compreſſions particulieres qui ſont faites aux arteres, pouſſent
plus vers leurs extremitez que vers le
cœur, à cauſe de la plus grande reſiſtance que la conſtriction qui eſt plus forte vers le cœur apporte au reflus, que
la compreſſion particuliere pourroit
cauſer en cet endroit-là.

Il y a encore
d'autres in-
ſtrumens
pour l'ex-
preſſion,

Or cette machine de valvules, qui
eſt commode & ſuffiſante pour regler
la diſtribution des humeurs qui ſont
toujours fort liquides & fort coulantes
comme le ſang ou la limphe, & qui ſont
contenuës dans des vaiſſeaux plus étroits,
ne s'eſt pas trouvé propre à gouverner
la conduite des matieres plus épaiſſes,
telles que ſont les viandes qui paſſent
par l'œſophage, ou qui ſe cuiſent dans
l'eſtomac, non plus que le chyle qui eſt
conduit dans les longs détours des inteſtins ; & la largeur de tous ces conduits demandoit une autre mechanique
pour executer les deux choſes qui ſont
neceſſaires à la diſtribution, ſçavoir de
retenir les alimens, & d'en empeſcher
le retour & le reflus vers le lieu d'où

ils

ils viennent , & les pouſſer vers celuy où ils doivent aller.

Pour cela il y a des inſtrumens de deux ſortes ; les uns ſont d'une ſtructure & d'un uſage plus viſible & plus ſenſible , tels que ſont les muſcles du pharinx & de l'œſophage, & le ſphincter de l'anus ; parceque leur action eſt tout-à-fait volontaire & ſenſible : les autres inſtrumens , dont l'action n'eſt pas ſoumiſe à une volonté expreſſe , & leſquels agiſſent ſans que l'on y penſe , ſont encore de deux eſpeces ; les uns ont une action en quelque façon manifeſte , tels que ſont ceux qui ferment & qui ouvrent les deux orifices de l'eſtomac par leur dilatation ou par leur conſtriction ; les autres qui ont quelque choſe de moins apparent , ſont encore de deux eſpeces : car ou ils ſervent au mouvement par lequel l'œſophage pouſſe la nourriture dans l'eſtomac , & à celuy par lequel les inteſtins conduiſent les humeurs qu'ils contiennent , depuis l'eſtomac juſqu'à l'anus ; ou enfin ils ſervent au mouvement par lequel les inteſtins expriment le chyle dans les vaiſſeaux du meſentere.

Il y a grande apparence que l'action de l'œſophage & celle des inteſtins pour faire couler le long de leur cavité ce

Tome I.   G

qu'ils contiennent n'eſt point differente
l'une de l'autre , & qu'elle conſiſte dans
une conſtriction ſucceſſive , que leurs fibres circulaires produiſent , laquelle
conſtriction ſe fait toujours derriere
l'humeur qui eſt pouſsée , comme il eſt
aiſé de juger lors qu'un animal ayant la
teſte embas , fait monter dans ſon eſtomac la boiſſon ou les herbes qu'il prend ,
& lors que le chyle & les autres humeurs , aprés eſtre deſcendus au bas
du ventre , remontent juſqu'au haut ,
ce qui ne ſe peut faire que par cette conſtriction ſucceſſive , qui produit
le meſme effet dans l'œſophage & dans
les inteſtins , que les valvules dans les
veines : car lors que les poumons ſerrent
l'œſophage, ou que les muſcles du ventre preſſent les inteſtins, cette compreſſion pouſſe indifferemment en haut & en
bas , & elle n'eſt determinée que par
cette conſtriction ſuccesſive , à aller en
avant pluſtoſt qu'en arriere ; de meſme
que le ſang des veines eſt determiné à
couler vers le cœur , par l'obſtacle que
les valvules apportent au mouvement
que la conſtriction luy donneroit ſans
elles vers les extremitez auſſi bien que
vers le cœur.

Mais il ſemble que cette conſtriction
circulaire ne peut eſtre ſuffiſante pour

pouffer le chyle affez puiffamment , &
de la maniere neceffaire pour luy faire
penetrer les tuniques des inteftins , &
s'infinuer dans les vaiffeaux du mefan-
tere : çar cette expreffion ne peut eftre
faite fi le chyle n'eft fort ferré & enfermé dans quelque détroit , comme le fang
l'eft dans les arteres capilaires , lors que
l'impulfion du cœur le force de paffer
dans les porofitez de tout le corps , & de
là dans les veines capilaires : l'activité
des efprits qu'on dit eftre capable de
pouffer les humeurs & de leur donner
comme des ailes pour les faire aller avec
impetuofité , n'eftant point fuffifante.
Mais il eft evident , que la cavité des inteftins eft trop ample , pour faire que
l'on puiffe croire que cette conftriction
circulaire qui eft propre à determiner le
cours du chyle dans fa large cavité qui
demeure au deffous du lieu où fe fait la
conftriction , foit auffi capable de la con-
traindre d'entrer dans les conduits ef-
troits & imperceptibles des tuniques des
inteftins.

C'eft pourquoy il faut neceffairement
fuppofer une autre action dans les inteftins , par laquelle le chyle qui lorfqu'il
eft dans leur cavité eft une matiere plus
efpaiffe & beaucoup moins penetrante
que le fang arteriel , foit ferré & enfer-

& le pliffe-
ment des tu-
niques dans
les inteftins.

mé par petites parties, comme le sang
l'est lorsque le cœur & les arteres le
pouffent des gros rameaux dans les petits, & de là dans les rameaux capilaires. Ces détroits capables de ferrer & de
comprimer ainfi le chyle par particules
ne peuvent eftre autres que les replis
que les inteftins ont par le moyen des
appendices membraneufes en forme de
feuillets, qui fe voyent dans le jejunum,
ou par les replis que les autres font en
fe ridant : car entre ces rides de mefme
qu'entre les feuillets, le chyle eftant
retenu eft refferré par la compreffion externe du peritoine, des mufcles du ventre & du diaphragme, qui agiffent inceffamment pour la refpiration ; ces replis & ces rides ayant la force de comprimer de la mefme maniere, que la peau
des elephans pour écrafer les mouches,
quand elles font entrées dans le fond de
ces rides pour les picquer ; & ces replis
dans lefquels le chyle eft engagé, luy
aydent à penetrer les porofitez des inteftins, lors qu'ils font comprimez par les
mufcles du ventre dans l'action de la
refpiration, de la mefme maniere que
les replis du linge que l'on bat à la lef-
five, aydent à faire penetrer l'eau du fa-
von dans les pores du linge, lorfqu'il eft
frotté avec les mains & frappé avec le
battoir.

Cette ftructure que la nature a infti-
tuée pour cette compreſſion, n'eſt pas
particuliere aux inteſtins, mais elle leur
eſt commune avec la plufpart des parties
qui font dediées aux coĉtions telles que
font le cœur , le poumon , le cerveau ,
le foye , la ratte , &c. & que l'on appelle officiales , parce qu'elles ont charge,
s'il faut ainſi dire, de travailler pour les
autres : car on y voit des anfraĉtuoſitez
& des inegalitez propres à enfermer les
liqueurs , & à les y froiſſer & battre :
cela ſe remarque principalement dans
les ventricules des animaux qui ont des
inegalitez en leur ſuperficie interne , qui
eſt toujours ou ridée comme à la plufpart
des oyſeaux ; ou compoſée de feuillets
& de mammelons , comme aux animaux
qui ruminent ; ou aſpres par des petites
pointes qui compoſent ce que l'on appelle le velouté comme dans le ventricule de l'homme.

Or l'aĉtion par laquelle les inteſtins
ſe difpoſent & prennent une figure commode & propre à faire que la compreſſion des muſcles puiſſe ſervir à l'expreſſion du chyle qu'ils contiennent , eſt viſible dans l'ouverture des animaux vivans , où l'on obſerve ce mouvement qui repreſente aſſez bien celuy
d'un ver de terre , qui pour ramper ſe

& les anfra-
ĉtuoſitez des
autres par-
ties officia-
les.

Comment ſe
fait le pliſſe-
ment des in-
teſtins.

resserre & rentre en luy-mesme, & s'a-
longe successivement d'une autre maniere que les serpens qui se courbent en
plusieurs sinuositez pour le racourcisse-
ment & le ralongement necessaire à leur
progression.

La structure des intestins semble estre
tout-à-fait commode pour exercer cette action : car la pluspart sont garnis en
dedans d'un grand nombre de feuillets
mis transversalement, ainsi qu'il a esté
dit, afin que le chyle soit aresté & retenu plus long-temps, & qu'estant ainsi
enfermé entre la membrane qui fait chaque feuillet & celle qui fait le corps de
l'intestin, laquelle se replie entrant entre-deux feuillets, il soit plus aisement
serré entre-deux, & que la partie plus
subtile soit exprimée dans les pores dont
les tuniques du corps de l'intestin sont
percées à l'endroit des embouchures des
veines lactées.

Mais pour faire que ces feuillets ne resistent pas absolument au cours du chyle
qui doit passer outre, afin que ce qui n'a
pas esté assez travaillé par une partie le
soit encore davantage par l'atouche-
ment d'une autre, & que ce qui n'a pu
estre poussé dans les premieres veines
lactées puisse l'estre dans celles qui suivent ; la largeur de ces feuillets, qui ne

font pas tout le cercle , va en s'eſtreciſ-
ſant vers chaque bout , afin de donner
par là quelque paſſage au chyle.

Outre cette ſtructure des feuillets dé-
ſtinez à retenir le chyle , les inteſtins
ont encore une puiſſance de ſe pliſſer
qu'ils exercent en deux manieres. La premiere eſt par le moyen de la membrane
du meſentere à laquelle ils ſont atta-
chez qui les oblige en les accourciſſant ,
à ſe pliſſer comme une fraiſe. La ſeconde eſt par le moyen de leurs fibres leſquelles eſtant preſque toutes tranſverſ-
ſes & circulaires , ſont tres-propres à
produire tout ce qui eſt neceſſaire pour
le froncement d'une membrane dont une
cavité eſt compoſée ; & c'eſt à l'accourciſſement ſucceſſif de ces fibres qu'il faut
attribuer toutes les actions du mouvement des inteſtins : car lorſqu'elles ſe retreciſſent & ſe reſſerrent ſucceſſivement
elles produiſent l'impulſion qui ſe fait de
ce qui eſt contenu dans les inteſtins, ſçavoir lorſque la fibre circulaire qui eſt la
plus proche du commencement des inteſtins ſe reſerre , & que celle qui eſt aprés
ſe reſerre en ſuite , & ainſi toutes celles
qui ſuivent les unes aprés les autres , elles pouſſent & font aller ce qui eſt contenu dans la cavité de l'inteſtin , vers la
partie où les fibres ne ſont point encore

reſerrées : & ce reſerrement des fibres
eſt pareil dans toutes les fibres lorſqu'elles agiſſent pour cette impulſion. Mais
quand elles agiſſent pour le froncement
de la tunique, leur retreciſſement eſt
inegal en ſorte que d'eſpace en eſpace il
y a une fibre qui ſe retreciſſant beaucoup, produit la partie la plus enfoncée
de la ride ainſi qu'il ſe voit en **A**, & en
B : & les fibres qui ſont à coſté comme
C, & les autres que l'on peut ſe figurer
entre-d'eux, ſe retreciſſent moins, plus

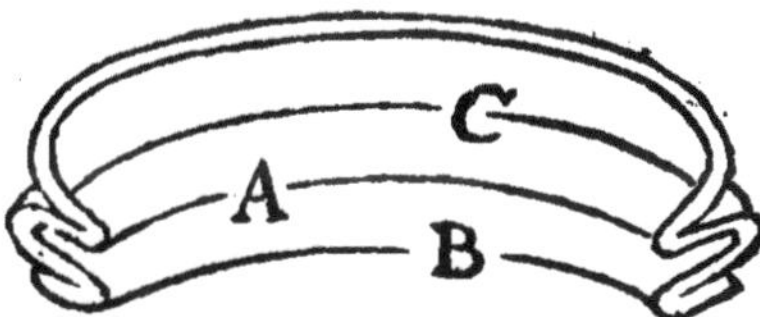

elles s'éloi-
gnent de
celle qui eſt
extreme-
ment retre-
cie. Cela eſtant, il faut ſuppoſer, que
les fibres droites qui ſont ſelon la longueur de la membrane externe des inteſtins, n'ont qu'un uſage paſſif, & qui
n'eſt autre que de lier les fibres tranſ-
verſes & circulaires, auſquelles ſeules il
faut attribuer l'action du froncement
dont il s'agit.

Il reſte à examiner les raiſons qui peuvent faire croire que les membranes de
l'œſophage, du ventricule & des inteſtins
ont un mouvement particulier, & que
ce mouvement ſe fait par le racourciſſement des fibres dont leurs membranes

De quelle
maniere le
racourciſſe-
ment des fi-
bres ſert aux
expreſſions
des autres
parties.

ſont tiſſuës. Pour ce qui eſt de la premiere ſuppoſition , il ſemble que l'action
par laquelle l'herbe couppée & non
maſchée , monte par l'œſophage des
animaux qui ruminent , demonſtre neceſſairement la conſtriction ſucceſſive de
l'œſophage , comme il a desja eſté expliqué : parce que l'on ne ſe peut pas ſervir icy de la force que la peſanteur de
l'air donne aux liqueurs de monter aux
lieux dans leſquels on leur fait place :
& quand on accorderoit que les animaux
qui boivent la teſte embas reçoivent
l'eau qui eſt ainſi pouſſée en haut dans
l'œſophage , l'air voiſin la preſſant & la
faiſant entrer dans l'eſpace que la poitrine & le ventricule luy donnent & luy
preparent en ſe dilatant ; on ne pourroit pas dire que cette dilatation qui ſe
feroit en un animal qui veut avaler un
peloton d'herbe , fuſt capable de le faire monter ; parce que l'air paſſeroit aiſement & ſans empeſchement au travers
des herbes , pour aller remplir la cavité
dilatée.

On ne peut pas dire non plus que le
muſcle œſophagien ſoit ſuffiſant pour
cette conſtriction : parce que n'embraſ-
ſant que la partie ſuperieure de l'œſophage , ſon action ne peut ſuffire à toute
la compreſſion qui eſt neceſſaire pour

G v

chaſſer juſques dans le ventricule ce qui eſt contenu dans l'œſophage ; & l'on remarque aſſez diſtinctement que les efforts qui ſe font quelquefois pour avaler ce qui s'arreſte au bas de l'œſophage, ne peuvent eſtre attribuez à ce muſcle, parce que l'on ſent que les choſes qui ſont comprimées par ces efforts, picquent en un endroit où l'action de ce muſcle ne peut parvenir : ce qui fait voir qu'il doit y avoir en cet endroit une autre cauſe de cette conſtriction que le muſcle Oeſophagien.

On ne peut pas dire encore que l'action du diaphragme & des muſcles du bas ventre par leur compreſſion ou par leur relaſchement doivent produire ces effets, puis qu'on voit que la poitrine & le bas ventre eſtant ouverts, & ainſi tous les effets que l'on peut attribuer à la reſpiration & aux muſcles du bas ventre eſtant exclus, le hocquet qui eſt une convulſion du ventricule, & le vomiſſement qui en eſt le renverſement, ne laiſſent pas de ſe faire lors que l'on offence l'eſtomach & les inteſtins : ce qui fait connoiſtre que ces actions ne peuvent provenir que des organes qui leur ſont particuliers.

Pour expliquer la ſeconde ſuppoſition, ſçavoir que cette conſtriction ou reſerrement que les membranes doivent avoir elles-meſmes, eſt faite par le racourciſſement de leurs fibres ; on peut faire pluſieurs hypotheſes, & concevoir pluſieurs manieres de ce racourciſſe-ment. La premiere eſt, que ces fibres qui ſe racourciſſent, ne ſont point des parties ſimples comme ſeroit un fil de fer ou de leton ; mais qu'elles ſont com-poſées d'autres fibres comme une corde l'eſt des filets de chanvre dont elle eſt faite ; & qu'il faut concevoir que ces premieres fibres qui compoſent celles dont nous entendons parler, ſont extré-mement déliées, afin de laiſſer un plus grand nombre d'eſpaces à recevoir la matiere, qui en les éloignant les unes des autres cauſe le racourciſſement de la fibre torſe qu'elles compoſent ; cette contorſion de fibres eſtant une mecha-nique des plus probables que l'on puiſſe ſuppoſer pour le racourciſſement qui eſt neceſſaire dans tous les inſtrumens du mouvement, tels que ſont les muſcles & les membranes ; & il n'y a rien qui re-pugne à cette contorſion que la foibleſſe de noſtre vûë qui ne l'a point encore pû appercevoir : mais elle ne peut auſſi nous convaincre bien évidemment qu'elle ne ſoit point. La verité eſt qu'il y a une experience pour connoiſtre quelles ſont les chofes torfes, qui eft de voir fi les corps que l'on a pendus à des fibres tournent : car celles qui font torfes tournent lorfque leur poids tend à re-dreffer les fibres que la torfion avoit renduës obliques. Or fuppofé qu'il n'y ait point d'experience qui faffe voir que les fibres feparées des mufcles & des membranes faffent tourner ce que l'on y a fufpendu, cela ne doit pas em-pefcher de croire qu'il n'y ait de la contorfion dans les fibres ; parce que fi l'on fuppofe que chaque fibre la plus petite que l'on puiffe feparer des membranes, eft toûjours compofée d'autres fibres plus petites, lefquelles font encore compofées d'autres plus petites, & qui font des contorfions differentes dans chacune des fibres que l'on peut feparer, il eft certain que ces contorfions differentes dans la fibre compofée d'autres fibres empefche-roient qu'un poids qu'elle fufpendroit ne tournaft ; mais elle n'empefcheroit pas que les efpaces des fibres eftant em-plis & dilatez par l'introduction de quel-ques fubftances, le racourciffement qui arrive aux chofes torfes, ne fe fift, ainfi que l'on voit à une treffe de fil qui s'ac-courcit eftant moüillée à caufe qu'elle eft compofée de plufieurs filets qui font tors ; mais qui ne fait point tourner ce qui luy eſt ſuſpendu , parce que la contorſion des fibres de tous les filets n'eſt pas d'un meſme coſté.

La ſeconde maniere eſt de concevoir que chacune des fibres que l'on peut ſeparer d'une membrane qui eſt capable de la conſtriction dont il s'agit , eſt refenduë & comme compoſée de pluſieurs autres petites fibres , qui jointes les unes aux autres , d'eſpace en eſpace , laiſſent des intervalles & des ſeparations , comme il ſe voit dans la figure A B , où quelques-uns des intervalles ſont marquez 1 2 3 4 , en ſuppoſant que chaque fibre eſt compoſée d'un bien plus grand nombre de petites fibres qu'il n'y en a dans la figure. Car lors qu'il avient que quelque ſubſtance s'inſinuë dans ces intervalles formez par la ſeparation des petites fibres , ou que ce qui y eſt contenu ſe rarefie ; pour peu qu'elles ſe ſeparent , il eſt évident que ces petites ſeparations multi-

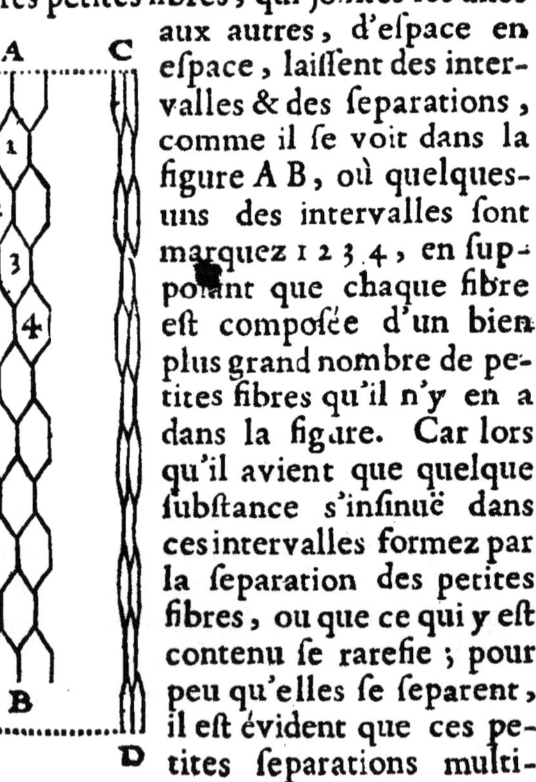

pliées dans la longueur de chaque fibre,
dans laquelle elles se font en grand nombre, produisent en un instant un accour-
cissement considerable, ainsi qu'il se
voit dans la figure C D, qui represente
la fibre retrecie & dans sa longueur naturelle, de mesme que la figure A B
represente comment l'elargissement des
intervalles l'acourcit. Et cela se peut
aisement expliquer par la machine appellée Sauterelle, qui est composée de
plusieurs bàtons clouez ensemble par les bouts & par le milieu, où ils sont croisez ; de telle sorte que lorsque les bastons se separent la machine s'ouvre & s'accourcit, & qu'elle se ferme & s'allonge lors qu'ils se raprochent ; la figure N represente la Sauterelle ouverte, & O la represente fermée.

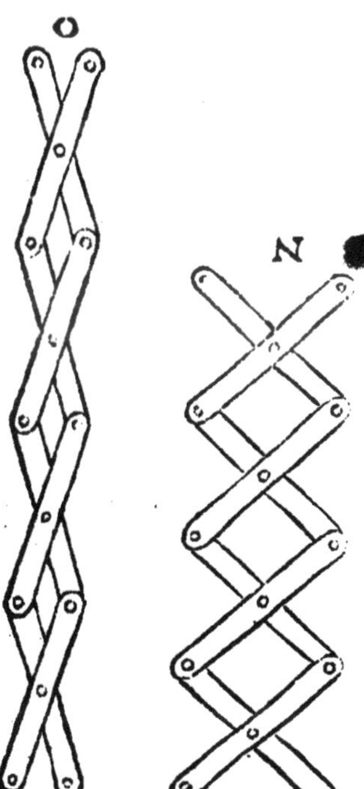

Mais il eſt neceſſaire de ſuppoſer que la contraction du muſcle ſe fait, parce que chaque fibre en ſon particulier eſt racourcie de la maniere qui vient d'eſtre expliquée; ſçavoir, par un nombre innombrable de petites dilatations qui ſe font dans chaque petit intervalle, parce qu'il n'y a que ce grand nombre de petites dilatations, leſquelles toutes enſemble font une ſomme conſiderable, qui puiſſe produire ſuffiſamment l'accourciſſement du muſcle, la grande dilatation qui fait ſon ventre n'étant pas capable de le produire, parce qu'elle eſt unique. La figure ſuivante le fait voir, où il eſt évident que les fibres E F G, & G H E, qui eſtant élargies font le ventre F H, ne font point d'accourciſſement con-

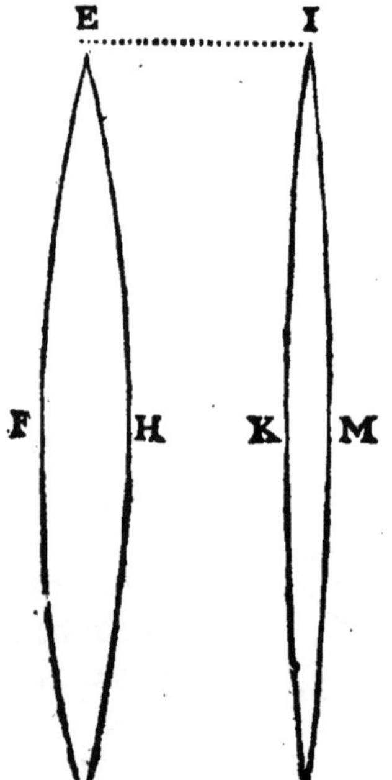

siderable à l'égard des fibres I K L, & L
M I, ni qui soit comparable à l'accour-
cissement que la fibre AB a à l'égard de la
fibre C D, dans la figure de la page 157.

La troisiéme maniere est une hypothese qui est contraire aux hypotheses du
systeme ordinaire : car c'est en supposant que les fibres des muscles ou des
membranes agissent, parce qu'elles sont
naturellement tenduës, de mesme que
l'os est naturellement dur, le cartilage
naturellement flexible : en sorte qu'elles
sont toûjours en un estat violent de la
mesme maniere que les cordes d'un Luth,
lesquelles estant tenduës, sont toûjours
prestes à tirer les parties ausquelles elles
sont attachées : Car y ayant des muscles
opposez les uns aux autres, dont les
uns sont pour fléchir les autres pour
étendre la partie à laquelle ils sont atta-
chez, leurs fibres qui sont naturellement
tenduës, tirent également la partie,
chacune de son costé : ce qui fait que
tant qu'elles sont en cet estat, la partie
n'a ni fléxion, ni extension : mais la fléxion se fait lorsque les muscles opposez
à l'endroit vers lequel la fléxion se fait,
venant à estre relaschez ; & ainsi ceux
qui sont du costé de la fléxion n'ayant
rien qui empesche leur action, ils tirent
la partie par la vertu du ressort de leurs

fibres ; l'extenſion ſe faiſant auſſi de la
meſme maniere , ſçavoir, lorſque les
muſcles fléchiſſeurs ſont relaſchez : en
ſorte que cette conſtitution des muſcles,
qui peut eſtre appellée Periſpaſtique ,
parce qu'il y a traction de tous les coſtez,
a rapport avec le mouvement Periſtaltique, qui pouſſe & qui comprime auſſi
de tous les coſtez.

Or ce racourciſſement des muſcles ne
doit eſtre attribué qu'aux fibres qui compoſent la membrane propre qui le couvre , & qui vont de la teſte du muſcle
à ſa queuë : Car il ſe trouve que la pluſpart des fibres de la partie charnuë des
muſcles ne ſont point ſelon la direction
du muſcle ; en ſorte que leur contraction
ou relaxation , ne ſçauroit faire que la
queuë ou tendon du muſcle s'approche
de ſa teſte, qui eſt ce en quoy conſiſte le
mouvement que le muſcle a pour tirer
les parties : & il y a encore apparence
que la chair des muſcles n'eſt que le ma-
gaſin dans lequel eſt preparée & reſervée
la matiere des eſprits , par le moyen deſquels la membrane propre du muſcle le
racourcit , lorſque cette ſubſtance vive
& ſubtile s'inſinuë dans leurs eſpaces ,
que les fibres laiſſent par leurs ſeparations, ainſi qu'il a eſté dit.

Dans ce ſyſteme il faut ſuppoſer que

l'action des efprits deftinez au mouvement, n'eft point d'opperer la contraction, comme dans le fyfteme ordinaire ; mais au contraire, de produire
une relaxation dans les mufcles oppofez
à ceux qui font la contraction : En forte
que cela eftant ainfi, l'on pourroit dire
que les efprits qui fervent au mouvement, n'en font pas proprement la caufe : de la mefme maniere que quand on
lafche la bride à un cheval on n'eft
qu'improprement la caufe de fa courfe ;
la verité eftant que ces efprits donnent
feulement occafion d'agir à la veritable
caufe, qui n'eft rien autre chofe que la
force du reffort dont tous les corps capables d'extention font naturellement
pourveus, les uns plus, les autres moins,
fuivant la difpofition differente des corpufcules dont ils font compofez, ainfi
qu'il eft expliqué dans le Traité de la
Pefanteur, du Reffort & de la Dureté
des corps.

Cette force fe remarque dans la puif-
fante action que les mufcles font paroiftre dans les luxations, où la peine
que l'on a à les reduire vient de la forte
tenfion des mufcles qui tirent de tous les
coftez : car il eft évident que cette tenfion n'eft point volontaire, & que fi leur
relaxation, qui feule felon ce fyfteme

eſt volontaire, n'eſt pas alors en la puiſſance du malade, ce n'eſt que parce que
la relaxation volontaire ne ſe fait que
d'un des coſtez, & que pour la reduction des luxations il faudroit une relaxation generalle des muſcles de l'un &
de l'autre coſté, c'eſt à dire des fléchiſ-
ſeures, des extenſeurs, &c.

C'eſt par cette meſme contraction
naturelle à tous les muſcles, que dans la
paralyſie, lors qu'elle cauſe la relaxation des muſcles d'un des coſtez, &
dans les playes, où les tendons des muſcles ſont couppez, il s'en enſuit toûjours
une contraction involontaire des muſcles oppoſites.

La maniere dont les muſcles ſphincters
agiſſent, fait encore comprendre quelle
eſt cette contraction naturelle à tous les
muſcles : car les ſphincters n'ayant point
d'action ſoûmiſe à la volonté, il s'enſuit
que leur contraction eſt naturelle ; & en
effet les fibres d'un ſphincter paroiſſent
toûjours tenduës, quoy que l'animal
n'ait aucune intention de les tenir tenduës ; & cela n'eſt ainſi, que parce que
les ſphincters n'ont point d'antagoniſtes
qui empeſchent de remarquer leur tenſion, comme ils l'empeſchent aux autres
muſcles qui en ont, & où la tenſion ne
paroiſt point lorſque l'animal ne fait ni

flexion ni extenſion, quoy qu'alors les muſcles ſoient actuellement tendus, ainſi qu'il eſt prouvé par ce qui arrive aux luxations, aux paralyſies & aux bleſſures.

Cette puiſſance de tirer avec tant de vehemence, ſe remarque encore dans les parties des animaux, aprés leur mort, où il ſe trouve quelquefois des muſcles tendus avec une force preſque inſurmontable : elle eſt encore remarquable dans la tunique des arteres qui ſe trouvent tellement reſerrées aprés la mort, que tout le ſang en eſt exprimé dans les poroſitez, ainſi qu'il a déja eſté remarqué. Or cette force ne peut eſtre attribuée à l'introduction d'une matiere ſubtile, capable de remplir les intervalles des fibres ; parce que cette matiere ſubtile, qui ſe diſſipe aiſement, n'eſt pas propre à entretenir une tenſion telle qu'eſt celle de ces muſcles, qui dure juſqu'à ce que la pourriture ait changé la diſpoſition des corpuſcules, dont les parties ſont compoſées, en faiſant entrer entre les faces plates par leſquelles ils ſont joints, d'autres corpuſcules ronds & fluides, qui empeſchent l'approche & la jonction intime, de laquelle depend toute la force & toute la fermeté des parties.

L'explication de la maniere que la

contraction & la relaxation des muſcles
ſe fait avec tant de force & tant de
promptitude, eſt une choſe tres-difficile; mais on peut dire qu'il y a des difficultez pour cela dans le ſyſteme ordinaire qui ſe trouvent moindres dans ce-
tuy-cy; car il n'eſt pas ſi aiſé de comprendre comment l'introduction d'une
ſubſtance ſubtile peut ſuffire à une re-
pletion capable d'operer une forte &
ſoudaine dilatation, que de concevoir
que cette ſubſtance eſt capable de cauſer la relaxation de ce qui eſt tendu:par-
ce que cela ſe fait facilement par l'inter-
poſition d'une tres-petite quantité de
corpuſcules fluides, introduits entre les
faces plates des parties qui ſont jointes
immediatement : & la puiſſance de cette
cauſe qui relaſche les fibres tenduës, eſt
ſemblable à la puiſſance d'un feu mediocre, qui eſchauffant ſimplement une
liqueur coagulée, la rend fluide:au lieu
que la cauſe qui eſt capable d'operer la
forte & ſoudaine dilatation que l'on ſuppoſe dans les muſcles, eſt ſemblable à la
puiſſance exceſſive qui eſt neceſſaire
pour une forte ébullition.

On peut objecter contre ce ſyſteme,
que la force que les muſcles ont dans
leurs actions depend de la vigueur de
l'animal, parce que ''·   quelle eſt

ou plus grande ou moindre felon les
temps & en des difpofitions differentes :
ce qui ne feroit pas fi cette force qui
confifte dans la contraction des fibres de-
pendoit feulement de la conftitution elementaire, c'eft à dire, d'une certaine
application des corpufcules qui eft caufe
de la fermeté des parties, & de laquelle
leur reffort depend ; puifque cette conftitution demeure toujours la mefme
dans un mefme fujet : car le travail, les
jeufnes, les grandes evacuations & les
autres caufes d'affoibliffement dans les
animaux, ne font nullement capables de
changer cette conftitution elementaire,
quoy qu'elles ne laiffent pas de rendre
l'action des mufcles languiffante à proportion que ces caufes d'affoibliffement
font plus confiderables.

Pour fatisfaire à cette objection, il ne
s'agit que d'expliquer comment, fuivant
les hypothefes qui ont efté propofées, les
caufes d'affoibliffement dans les animaux peuvent produire la langueur des
mufcles, quoy que la force qu'ils ont de
tirer, c'eft à dire, le principe interne
qu'il ont de leur reffort, demeure toujours le mefme. Pour me faire entendre,
je dis qu'il en eft de mefme du reffort,
que de la pefanteur dont on peut empefcher l'effet, quoy que fon principe

demeure & qu'il conſerve ſa puiſſance
toute entiere. Car de meſme qu'un tres-
grand poids dont un des baſſins d'une balance eſt chargé & qui a une tres-grande force pour le tirer en embas , ne peut
plus faire cet effet lorſque le baſſin op-
poſite eſt chargé d'un poids pareil ; le
reſſort d'un muſcle paroiſt auſſi eſtre
ſans force lorſque ſon antagoniſte agit
avec une force pareille. Or cela arrive
lorſque ces deux muſcles ſont deſtituez
de ces eſprits relaſchans & diſſolutifs qui
empeſchent l'effet du reſſort : & il eſt
aiſé de concevoir que lorſque deux muſcles oppoſez tirent avec une force pareille, quoy qu'elle ſoit tres-grande, c'eſt
la meſme choſe que s'ils ne tiroient point:
de meſme qu'une balance chargée de
deux poids pareils qui tirent avec une
grande force paroiſt eſtre au meſme eſtat
que ſi elle n'eſtoit point chargée.

Il eſt encore facile de comprendre
comment les cauſes d'affoibliſſement
mettent les muſcles en cet eſtat qui les
fait paroiſtre ſans force en empeſchant
l'effet de leur reſſort , puiſque les eſprits diſſolutifs qui ſont employez à affoiblir le reſſort d'un muſcle pour permettre à celuy qui luy eſt oppoſé d'a-
gir, eſtant conſumez dans cette action,
il faut de la vigueur pour en fournir la

quantité neceſſaire à d'autres actions, & il faut entendre que c'eſt de meſme, que dans la coction de la nourriture, où il faut que le corps ait de la vigueur pour fournir les eſprits diſſolvans par leſquels la digeſtion ſe fait. Si donc lors qu'un bras a long-temps ſoutenu un grand poids, il arrive que la laſſitude empeſche qu'il ne continuë à le ſoutenir, ce n'eſt point que la force du muſcle qui ſoutient ſoit diminuée : mais la cauſe de cette impuiſſance eſt, que le muſcle antagoniſte qui par ſon relaſchement donnoit de la force au muſcle, par lequel le fardeau eſtoit ſoutenu, venant à n'eſtre plus relaſché, faute des eſprits diſſolutifs qui cauſoient ſon relaſchement, & leſquels diſſipent & conſument beaucoup de la force de l'animal, il tire contre celuy qui ſoutient & en diminuë d'autant la puiſſance. Car il faut concevoir, que la force qu'un muſcle a de ſoutenir un fardeau doit eſtre attribuée à deux cauſes qui ſont ſon reſſort & le relaſchement du reſſort de l'antagoniſte, & que ce relaſchement eſt toûjours proportionné au fardeau, en ſorte que pour ſoutenir un grand fardeau l'antagoniſte ſe relaſche beaucoup, & pour en ſoutenir un moindre, il ſe relaſche moins.

On peut encore objecter que ce ſyſteme

me n'a point plus de probabilité que
le ſyſteme ordinaire , & que de dire que
l'action des fibres qui s'accourciſſent
lorſqu'il s'y introduit une ſubſtance qui
augmentant leur largeur eſt capable de
diminuer leur longueur , ainſi qu'il arrive à une corde de chanvre qui s'accourcit lorſqu'on la mouille ; c'eſt la meſme choſe que de dire que l'action du
muſcle qui tire dépend du relaſchement
de l'antagoniſte , dont les fibres ſont
allongées par l'introduction d'une ſubſtance qui corrompt ſa fermeté , ainſi
qu'il arrive à une corde à boiau qui ſe
relaſche & s'allonge quand on la mouïl-
le ; & qu'il n'importe guere ſi la ſubſtance introduite dans le muſcle cauſe
ſon action en le tendant ſelon le ſyſteme ordinaire , ou en le relaſchant.
Mais je répons que tous les phenomenes qui ont eſté rapportez & qui font
voir que les muſcles ont une tenſion
naturelle & tres-puiſſante qui les tienr
dans un eſtat violent , ont bien de la
peine à s'accorder avec le ſyſteme ordinaire : car il faudroit ſuppoſer une
double action dans les muſcles , ſçavoir
celle par laquelle le muſcle agit & eſt
tendu , & celle par laquelle l'antagoniſte eſt relaſché , autrement le reſſort
de l'antagoniſte le feroit reſiſter à l'a-

Tome I.　　　　　　　　　　H

&Etion de celuy qui tire : & il feroit neceffaire de fuppofer de deux fortes d'efprits directement contraires dans chaque mufcle , les uns pour tendre les fibres , les autres pour les relafcher. Or
ces inconveniens ne fe rencontrent
point dans le nouveau fyfteme où le
feul relafchement des fibres des antagoniftes eft neceffaire , & où une feule
forte d'efprits fuffit ; la puiffance qui
fait la contraction des fibres qui eft
leur reffort, ne dependant point non
plus que celle qui fait la pefanteur ny
de la vie ny des efprits. Nous avons obfervé dans une grande Tortuë terreftre
aprés fa mort une force du reffort naturel des mufcles qui eft beaucoup au
de-là de ce qu'on fe peut imaginer de
la force des mufcles d'un animal vivant : car les mufcles d'un des coftez de
la queuë qui la tenoient pliée par le relafchement total de leurs antagoniftes
qui eftoit arrivé par quelque caufe particuliere dont il ne s'agit point , eftoient
tendus d'une telle force , que les bras
de deux hommes des plus forts ne les
pouvoient étendre qu'à peine. Mais
l'on fçait d'ailleurs de quelles machines
on eft obligé de fe fervir dans la reduction des luxations pour furmonter cette
force du reffort des mufcles.

Mais enfin de quelque maniere que les organes du mouvement agiſſent, c’eſt toûjours par une contraction de fibres qu’ils agiſſent, ſoit que cette contraction dépende de la vertu naturelle du reſſort que j’eſtime la plus probable, ſoit qu’on la veuille attribuer à l’introduction d’une matiere ſubtile qui cauſe la contraction des fibres par la dilatation des intervalles qui ſe rencontrent entre leurs particules refenduës, ainſi qu’il a eſté dit.

Cela eſtant ſuppoſé, il n’eſt pas difficile de comprendre que les membranes dont les arteres, l’œſophage, les inteſtins & les autres vaiſſeaux capables du mouvement Periſtaltique, operent cette action, par la contraction de leurs fibres : Car ſi ces organes n’ont pas de la chair pareille à celle des muſcles, cela ne ſignifie rien autre choſe ſinon que leur mouvement n’eſtant pas ſi violent que celuy des muſcles, & n’ayant pas beſoin d’une ſi grande abondance de matiere pour y ſuffire, il n’a pas eſté neceſſaire de leur donner des organes particulierement deſtinez à ſa preparation.

Il eſt encore aſſez aiſé de concevoir que la tunique des inteſtins eſtant pliſſée & repliée, en ſorte que les parties pliées ſe frottent l’une contre l’autre,

Que c’eſt à la vertu naturelle du Reſſort qu’il faut attribuer la contraction des fibres.

H ij

& que de plus les inteſtins ſe preſſant
auſſi les uns les autres , & eſtant auſſi
preſſez encore par les autres viſceres , &
par les muſcles qui ſervent à la reſpiration , le chyle qui ſe trouve engagé entre ces replis , doit eſtre froiſſé & battu ,
& enſuite exprimé dans les veines lactées : ce qui aide & à ſa coction par l'attenuation & le mélange de ſes parties ,
& à ſa diſtribution par l'impulſion & l'intruſion de toute ſa ſubſtance dans les
pores & les conduits qui ſe trouvent diſpoſez par leur figure , ou autrement , à
la recevoir , & à luy donner paſſage ; ce
qui comprend les uſages du mouvement
Periſtaltique.

DE LA CIRCULATION
DE LA SEVE
DES PLANTES.

AVERTISSEMENT.

CE Traité est divisé en trois Parties. La premiere est une Theorie de la Circulation en general. La seconde contient plusieurs Experiences pour confirmer les raisons apportées dans la premiere Partie pour la Circulation particuliere aux Plantes. La troisiéme est une autre maniere de confirmer & d'expliquer la Theorie de la Circulation qui consiste dans des remarques sur quelques-unes des propositions énoncées sur ce sujet dans la premiere Partie. J'ay crû que ces remarques pourroient estre de quelque utilité, & qu'elles seroient mieux en leur place estant ainsi mises à la fin de tout le Traité & ensuite des experiences qui en font la partie la plus importante. J'en ay trouvé l'occasion dans les difficultez qui m'ont été faites à l'Academie lorsque ma Theorie de la Circulation y a esté examinée : Et comme Monsieur du Clos a esté celuy de la Compagnie qui a fait plus d'instances contre mes principes, je l'ay prié de mettre par écrit les plus considerables de ses objections, ausquelles j'ay adjoûté mes réponces, qui contiennent les preuves & les éclaircissemens qui ne pouvoient estre mis commodément dans la premiere Partie. Celles d'entre les Experiences qui sont nouvelles, ont

H iij

esté faites sur les memoires que Monsieur Mariotte & moy avons donnez : car cette pensée
de la Circulation de la seve des Plantes nous
estoit venuë à tous deux sans nous l'estre com-
muniquée. La premiere fois qu'on en parla
dans la Compagnie ce fut à l'Assemblée du 15.
Ianvier 1667. où dans le Plan que je faisois
d'une histoire generalle des Plantes, au Chapitre
des causes des Plantes, entre-autres choses j'ex-
pliquay les conjectures sur lesquelles je fondois
ce nouveau Paradoxe, & dont je ne croyois point
que personne eust iamais eü la pensée. Vn an
& demy aprés Mr Mariotte ayant esté reçû
dans la Compagnie proposa ce systeme comme
une opinion qui luy estoit particuliere, & l'ap-
puya sur des experiences qui font une partie
de celles qui sont icy rapportées. Peu de temps
aprés, ce Traité estant achevé, i'ay eü avis
que la mesme matiere a esté traitée par Mr
Maior tres-sçavant Medecin de Hambourg,
non pas expressement comme icy ; mais seulement par occasion dans une Dissertation qui a
pour titre : De Planta monstrosa Gottor-
piensi. Quoy que ie iuge bien qu'il importe
peu au Lecteur de sçavoir au vray qui est le
premier Autheur de ce Probléme, i'ay pourtant crû qu'il n'estoit pas tout-à-fait inutile de
donner cét avis, puis qu'il contient des faits
qui peuvent servir à son induction, estant
assez difficile qu'une pensée peust venir de cette
sorte en mesme temps à tant de personnes si elle
n'avoit beaucoup de probabilité.

DE LA
CIRCULATION
DE LA SEVE
DES PLANTES.
PREMIERE PARTIE.

LES experiences qui sont rapportées dans ce Traité ont confirmé la pensée que l'on avoit euë que les Plantes ne se nourrissent point autrement que les Animaux, non seulement en ce qui regarde le changement de l'aliment, dont la substance de dissemblable qu'elle estoit, doit devenir semblable ; mais mesme en ce qui appartient à la maniere dont la nature se sert pour rendre cette substance semblable.

Car on a consideré que les raisons qui font que ce changement ou assimilation de la substance de l'aliment, demande qu'elle soit circulée dans les animaux, sont communes à tous les genres des vivans, & que bien que les Plantes prennent leur croissance d'une maniere differente de celle des animaux, ainsi qu'il est expliqué dans le Traité de la Mechanique des animaux, il ne s'ensuit pas qu'elles se doivent nourrir d'une maniere

Il n'y a point de raison pourquoy les animaux se nourrissent autrement que les plantes.

H iiij

differente, du moins en ce qui regarde la neceſſité de la preparation que l'aliment reçoit par le moyen de le Circulation.

Car les principales raiſons qui font que toute ſorte de nourriture a beſoin d'eſtre circulé, ſont. 1. Que la rapidité du flus inévitable & continuel de la ſubſtance de tout ce qui ſe nourrit a beſoin d'une reparation prompte & continuelle. 2. Que cette reparation ne ſe peut faire que par un ſuc alteré, cuit & preparé par certaines parties deſtinées par la nature à ce commun office. 3. Qu'eſtant impoſſible que cette preparation ſi importante & ſi difficile ſe faſſe en un moment dans ces parties, dans leſquelles ce ſuc ne s'arreſte point, il eſt neceſſaire qu'elle s'y faſſe à pluſieurs repriſes. 4. Que ſoit que cette preparation s'accompliſſe par le moyen de la diſſolution ou de la filtration des parties de la nourriture, ou autrement, ces actions doivent eſtre reïterées pluſieurs fois, pour eſtre parfaites : de meſme que ce que l'on paſſe par la filiere, ou que l'on pile dans un mortier, ne reçoit pas du premier coup la perfection que ces preparations ſont capables de donner. 5. Et qu'enfin l'aſſimilation de la nourriture, ſuppoſant la ſeparation de l'inutile d'avec l'utile, il eſt neceſſaire que la portion inutile ſoit renvoyée aux parties

qui la peuvent rendre utile, en luy faifant avoir par la coction les bonnes qualitez que toute la maffe avoit avant que la
portion utile en euft efté feparée.

Or il n'eft pas difficile de faire voir que
toutes ces conditions, qui rendent la
circulation neceffaire à la nourriture des
animaux, fe rencontre dans celle des
Plantes, puifque la diffipation de leur
fubftance paroift évidemment lors qu'elles fe deffechent & fe fanent, & que la
promptitude de cette diffipation fe peut
inferer, de ce qu'elles fe fechent pluftoft
quand elles font arrachées de la terre,
que les animaux ne font quand ils font
morts; & il ne s'enfuit point que la perfection par laquelle l'eftre des animaux
furpaffe celuy des Plantes, demande les
précautions de la circulation, & que les
Plantes s'en puiffent paffer; puifque
mefme elle eft neceffaire à la conferva-
tion des eftres qui font encore moins parfaits que ne font les Plantes.

Le fuc que la terre contient eft fans
doute un eftre moins parfait que les Plantes qui en font nourries; cependant ce
fuc ne peut avoir fa perfection s'il n'eft
inceffamment circulé: car il faut qu'il
foit elevé dans l'air en forme de vapeur,
& qu'aprés avoir efté cuit tant par la chaleur du Soleil, que par l'agitation des

la rendent
neceffaire
aux plantes.

Elle eft em-
ployée dans
les eftres ina-
nimez par la
nature

H v

vents qui feparent & qui mélent fes parties, il redefcende dans la terre, pour y
laiffer la portion de fa fubftance qui a efté
cuite & perfectionnée dans l'air, & qu'il
s'éleve derechef cru & dépoüillé des
bonnes qualitez qu'il avoit en defcen-
dant, pour les aller reprendre lors qu'il
remonte.

& par l'art   L'art femble imiter cét ordre de la nature dans la culture des Plantes, qui fe
fait par le labourage, que l'on peut dire eftre une circulation : car on laboure
la terre en mettant deffous ce qui eftoit
deffus, & faifant revenir fur la furface ce
qui eftoit au fond, afin de faire paffer au
dedans de la terre où font les racines des
Plantes la partie de la terre qui eft en la
furface, & qui contient les fels feconds
que le Soleil, l'air & la pluye ont engendrez ou perfectionnez en cét endroit,
pour faire revenir en mefme temps fur
cette mefme furface l'autre partie, qui
eftant proche des racines a efté épuisée &
privée de ces fels, qu'elle va reprendre
ou perfectionner fur la furface.

Pour établir la verité de ces deux circulations on a fait deux Experiences. La
premiere eft que l'on a diftilé feparément
l'eau de la pluye qui eft remplie des fels
volatils cuits & digerez dans la moyenne
region de l'air, & l'eau de la Rofée qui

est chargée des mesmes sels ; mais qui sont encore cruds comme estant nouvellement sortis de la terre. La seconde experience est qu'on a aussi distilé separément de la terre prise en la surface, alterée par le Soleil, par l'air & par la pluye, & de la terre prise au mesme endroit, mais plus bas & au dessous de la surface. Et l'on a trouvé que les sels qui ont esté tirez de la Rosée & ceux qui ont esté trouvez dans la terre prise au dessous de la surface estoient differens de ceux qui ont esté tirez de l'eau de pluye & de la terre prise à la surface.

Il semble donc que ces circulations dans les estres non vivans ont quelque rapport avec celle que l'on estime se devoir faire dans les Plantes, quoy qu'elles se fassent d'une maniere opposée à celle des Plantes & des animaux : car de mesme que les eaux de la pluye descendent sur la terre pour y laisser ce qu'elles ont contracté de gras & de propre à nourrir dans ces regions superieures, & qu'elles en ressortent maigres & steriles lors qu'elles en sont élevées, c'est à peu prés de la mesme maniere que l'humidité dont les Plantes sont nourries, sortant de la racine monte dans la tige, dans les branches & dans les feüilles, avec des qualitez convenables à chacune de ces parties, & aprés y avoir

laiſſé ce qu'elle a de propre pour leur
nourriture & pour leur accroiſſement, le
reſte qui eſt inutile, deſcend dans la racine, pour y eſtre cuit & preparé de nouveau, & là eſtant jointe à l'autre ſuc que
la racine reçoit de la terre, ce ſuc
remonte dans les parties ſuperieures de
la Plante, & l'on ſuppoſe que cela ſe fait
de la meſme façon que dans les animaux,
où le ſang arteriel ſortant du cœur, qui eſt
à leur égard ce que la partie la plus noble
de la Racine eſt dans les Plantes, ſe diſtri-
buë dans tout le corps, qui ayant retenu
ce que ce ſang a de propre pour l'entretenir, renvoye le reſte au cœur, afin qu'é-
tant joint au ſuc que les veines lactées ont
reçû des inteſtins, qui ſont aux animaux
ce que la terre eſt aux Plantes, il retourne
dans toutes les parties du corps ; pour
entretenir une circulation continuelle.

Et il y a grande apparence qu'il faut
ſuppoſer dans la racine des Plantes une
puiſſance de preparer leur ſuc, & le rendre propre à nourrir tout le reſte de la
Plante, & que cette puiſſance y eſt neceſſaire, meſme avec plus de raiſon qu'elle ne l'eſt dans le cœur des animaux ;
parce que l'on peut dire que les parties
des animaux ayant eſté formées tout à la
fois, elles ont reçû de la puiſſante cauſe
de leur premiere generation la vertu ne-

ceſſaire pour cuire chacune ſa nourriture,
qu'elle n'a qu'à aſſimiler, en luy donnant
ce qu'elle a : au lieu que dans les Plantes il eſt difficile de concevoir comment
une branche peut produire d'elle-meſme
des feüilles, des fleurs & des fruits, ſi
elle n'en reçoit la puiſſance de la racine,
qui tient immediatement de la ſemence
toute la vertu de la Plante ; & de meſme
auſſi la racine ne peut pas trouver dans
la terre un ſuc ſi propre à recevoir les caracteres differens de toutes les parties ſi-
miliaires, qu'eſt celuy qui luy eſt renvoyé du bois, des fibres, de la moëlle,
de l'écorce, &c. par la circulation ; parce
que ce ſuc qui par ce moyen deſcend à la
racine, a reçû en paſſant dans toutes ces
parties, les premiers traits de ces caracteres que la Racine acheve aiſement de
luy imprimer.

Ces raiſons qui peuvent en quelque
façon établir la probalité de la circulation dans les Plantes, par l'analogie que
la nourriture qui eſt une choſe commune
à tous les vivans, ſemble devoir avoir
dans les differentes eſpeces de ce genre
d'eſtre : elles ne trouvent point auſſi de
repugnance dans la maniere de la circulation, qui ſe peut faire en deux façons
dans les Plantes, ainſi que dans les animaux : Car de meſme que les plus par-

Il y a des animaux où les organes circulatoires ne ſont pas viſibles non plus que dans les Plantes,

faits animaux ont des organes visibles &
distincts, dont la structure artificieuse &
mechanique est appropriée à la circulation, & qu'il y en a aussi d'autres moins
parfaits, tels que sont la pluspart des insectes, où l'on ne voit point non seulement de vaisseaux qui portent & rapportent les differens sucs ; mais dans lesquels
on ne distingue ni cœur ni foye, ni aucune autre partie à qui l'on puisse certaine-
ment attribuer l'office commun de la preparation des alimens. On peut dire aussi
qu'entre les Plantes il y en a où la circulation se fait par des organes distincts &
visibles, & d'autres dans lesquelles il se
voit des choses qui font conclure qu'il y en
doit avoir, bien qu'elles ne soient pas visibles; & si l'on veut que les insectes ayent
des organes distincts comme les animaux
que l'on appelle parfaits, quoy que ces
organes ne soient pas visibles, parce
que les fonctions de ces animaux fournissent des conjectures par l'existance de ces
organes ; peut-on éluder la force de nos
conjectures pour la circulation des Plantes, sur ce qu'en quelques Plantes les
organes circulatoires ne font pas visibles.

La circula-
tion se peut
faire sans
organes cir-
culatoires,

    Or à l'égard des Plantes & de ceux des
animaux où l'on ne remarque point d'autres indices de la circulation que les con-
venances generalles qui ont esté appor-

rées cy-devant, quand mesme on n'ad-
mettroit point d'organes circulatoires
dans les uns ni dans les autres , il n'est pas
difficile de concevoir de quelle maniere
elle pourroit estre faite sans ces organes :
Car supposé que l'humeur qui doit nourrir soit de deux natures dans tous les vivans, sçavoir, celle qui est actuellement
propre à nourrir , & celle qui ne l'est pas
encore ; & qu'au lieu que l'une & l'autre humeur est distincte & separée en des
vaisseaux differens aux animaux plus parfaits , elles se trouvent confuses & mélées l'une avec l'autre aux insectes , dans
les parties spongieuses qui en sont im-
buës, ainsi que l'on peut croire qu'elles
sont dans l'écorce de quelques Plantes, il
n'y a point d'inconvenient que les parties
qui se doivent nourrir choisissent & fil-
trent l'humeur qui est prochainement
disposée pour la nourriture , & rejettent
celle qui est moins propre, à cause de sa
crudité ; & que par la mesme raison la
racine reçoive & boive cette humeur
cruë qui a esté rejettée des autres
parties ; cela se faisant par des dispositions differentes qui rendent les pores de
diverses parties capables de recevoir certains sucs , & d'en rejetter d'autres : de
mesme que l'on voit deux éponges desquelles on a exprimé l'eau , dont l'une

estoit moüillée , & l'huyle , dont l'autre
estoit imbuë, ne recevoir l'une que l'eau,
& l'autre que l'huyle , si on les plonge
dans un mélange d'eau & d'huyle.

Car l'on peut appeller circulation cette
maniere par laquelle la portion de la
nourriture cuitte & preparée par la racine , est reçûë dans les parties qui se nourrissent , & par laquelle aussi la portion
cruë qui en reste , est reçûë dans la racine , afin qu'aprés avoir travaillé à sa
coction elle l'envoye aux parties qui s'en
doivent nourrir pour en recevoir ensuite
les restes , sur lesquels elle aille encore
travailler : en sorte qu'un mesme suc
passe plusieurs fois par toute la Plante ,
allant de la racine aux autres parties , &
de ces parties retournant à la racine : ce
qui se peut aisement faire si l'on suppose
une agitation & un mouvement dans ce
suc, qui en meslant incessamment les portions cruës avec les cuittes , leur donne
occasion d'estre appliquées successivement à toutes les parties, & donne moyen
en mesme temps aux parties de recevoir
les differentes portions de la nourriture ;
sçavoir , aux parties qui se doivent nourrir les portions cuittes , & à la racine les
portions cruës.

A la verité cette circulation est moins
parfaite & moins distincte que n'est celle

des animaux parfaits ; mais il n'y a rien qui doive empefcher de croire qu'elle eſt commune à tous les vivans, ſoit Plantes, ſoit animaux, quand on n'y voit pas des conduits diſtinēts & ſeparez deſtinez à contenir & à conduire les differentes humeurs qui ſervent à la nourriture, tels que ſont le ſang arteriel & le veneux dans les animaux parfaits.

Mais il y a des raiſons & des experiences qui font juger & quelques-unes meſme qui font voir qu'il ſe trouve des Plantes dans leſquelles il y a des organes diſtinēts, les uns pour la diſtribution du ſuc nourriſſier, parfait & accomply, & d'autres pour le retour de celuy qui a beſoin d'être cuit de nouveau dans la Racine. Nous avons donc de deux ſortes d'experiences ; il y en a dont on infere la circulation faite ſeulement par la ſeparation de la portion cuitte & preparée du ſuc que toutes les parties de la Plante, hormis la racine, reçoivent pour leur nourriture, d'avec la portion cruë & imparfaite qu'elles rejettent, ou du moins laiſſent couler juſqu'à la racine qui les reçoit ; cette partie eſtant naturellement diſpoſée à la reception de ce ſuc, parce qu'il eſt en quelque façon ſemblable au ſuc qu'elle reçoit de la terre. Il y a d'autres experiences qui fourniſſent des conjectures capables de faire croire qu'il y a dans quelques Plantes des canaux separez & distincts pour la conduite de ces differens sucs, à peu prés de mesme que dans les animaux parfaits.

Le défaut de l'impulsion du cœur qui sert à la distribution de la nourriture est suppléé dans les Plantes,

Mais avant que de venir aux experiences particulieres, il est encore necessaire d'expliquer en general & de supposer la maniere dont les sucs sont distribuez, & les causes probables de cette distribution. Il est vray que la distribution de la nourriture se fait dans les animaux parfaits par une sorte d'impulsion qui ne se rencontre pas dans les Plantes, où l'on ne trouve point de partie qui comme le cœur ait une contraction manifeste & puissante, par le moyen de laquelle le suc nourrissier soit poussé avec violence jusqu'aux extremitez des parties vivantes. Mais il faut aussi remarquer que la nature a suppleé en quelque sorte à ce défaut

par leur flexibilité,

dans les Plantes par un autre moyen, qui est de les rendre flexibles, afin qu'estant agitées par les vents, les sucs contenus dans leurs pores soient comprimez par les differentes flexions que les branches souffrent, & qu'ils soient poussez les uns jusqu'aux extremitez des feüilles ; sçavoir, ceux qui y montent pour la nourriture, & les autres jusqu'au bout des racines ; sçavoir, ceux qui retournent en

cét endroit, pour y estre cuits & preparez
de nouveau.

Car s'il se rencontre des Plantes qui se
nourrissent, quoy qu'elles ne soient pas
fléchies par l'agitation du vent, elles ont
cela de commun avec les animaux,
dont quelques-uns ne se trouvent point
avoir aucune partie, qui par un mouvement regulier de contraction & de relaxation ait analogie avec le cœur ; & la
distribution de la nourriture ne laisse pas
de se faire dans les uns & dans les autres
de ces vivans, par les differentes dispositions des parties pour recevoir ou pour
rejetter les sucs differens. Ainsi dans les
animaux ou dans les Plantes, où la circulation n'est point faite par des organes
qui portent les divers sucs enfermez dans
des canaux differens ; mais seulement par
la separation & par le chois que chaque
partie en fait en recevant ce qui luy est
propre, il faut supposer dans les pores de
ces parties, des figures ou d'autres dispositions diversement capables de filtrer
les sucs differens, ou de les rendre differens par la filtration : de mesme aussi
parmi les Plantes qui ont eu besoin d'organes circulatoires pour transporter &
conduire separement les sucs de diverse
nature, les uns ont une double écorce,
dont l'une sert à porter le suc qui monte,

& l'autre celuy qui descend ; les autres
qui n'ont qu'une écorce donnent passage
à l'un des sucs par l'écorce, & à l'autre entre le bois & l'écorce, ou par les pores
qui sont dans le bois entre les fibres dont
il est composé, où il se trouve le plus
souvent qu'il y a une partie plus solide,
que le suc plus subtil & plus volatil, tel
qu'est celuy qui monte pour la nourriture, penetre aisement ; & une autre qui
est plus poreuse, par laquelle le suc
aqueux crud & pesant a accoûtumé de
descendre.

par leur attraction,

Il faut donc supposer pour concevoir
de quelle maniere la distribution de la
nourriture se fait dans les Plantes, que
tout ce qui est icy bas, estant serré & pressé par la pesanteur de l'air, est toûjours
prest à se remuer vers l'endroit où ce qui
resiste à son mouvement, vient à ceder &
à luy faire une place, & qu'il y est incontinent poussé par cette puissance de l'air :
de sorte que l'on peut entendre que le
mouvement & le transport de la seve des
Plantes, est vers l'endroit où il se fait
quelque dissipation, qui donne lieu au
suc voisin de prendre la place que celuy qui est dissipé a quittée ; & cela est
ce que l'on appelle vulgairement attraction.

Il faut encore entendre que le suc que

la terre contient propre à la nourriture des Plantes, doit entrer dans leurs racines, & monter jusqu'à l'extremité des parties qui se nourrissent, par deux moyens; l'un est l'impulsion, l'autre est l'ouverture des conduits qui doivent recevoir & donner passage à ce qui est poussé; l'un & l'autre se fait par la rarefaction, qui est capable non seulement de dilater les conduits & les pores des racines; mais de faire gonfler le suc contenu dans la terre, lorsque par la chaleur du dehors, jointe à celle qui est dans la terre, & par celle de la fermentation qu'il conçoit à l'attouchement des racines, qui en contiennent le principe, il souffre une dilatation qui luy fait avoir besoin d'un lieu plus spacieux pour s'étendre : car cette dilatation le force à s'insinuer dans les conduits qu'il rencontre ouverts, soit dans la racine, soit dans le tronc & dans les branches, jusqu'à l'extremité de la Plante : C'est pourquoy ce n'est pas improprement qu'en François on dit que les Plantes poussent, lors qu'elles croissent & qu'elles produisent de nouvelles branches. Or cette mesme impulsion qui fait monter le suc propre à nourrir, en luy faisant penetrer les pores disposez à le recevoir, est la mesme puissance qui fait descendre celuy qui n'y est

par l'impulsion & par l'ouverture des conduits causée par la fermentation,

pas propre à cause de sa crudité, & qui n'estant capable de passer que par les canaux disposez à le conduire vers la racine, est contrainte d'y descendre. Il faut adjoûter que l'un & l'autre de ces sucs ont encore chacun un principe de ce different mouvement ; sçavoir, dans le suc cru & inutile, la pesanteur qui le fait descendre, & dans le suc nourrissier la legereté qui luy aide à monter ; la volatilité estant une des principales conditions de la nourriture.

Il est neantmoins necessaire d'entendre que cette volatilité ou legereté de la nourriture, ne se doit pas toûjours prendre pour la cause du mouvement qui porte seulement en haut ; mais simplement pour la cause de la mobilité ; parce que la nourriture va presque aussi facilement dans les parties inferieures des animaux, que dans les superieures ; & cela mesme doit estre necessairement supposé dans les Plantes, dans lesquelles la seve qui nourrit la racine, & celle qui nourrit les parties hors de terre, doivent avoir un mouvement contraire, & des impulsions differentes.

Et c'est en cela entre-autres choses que la maniere de la nourriture & de l'accroissement des Plantes, est differente de celle des animaux : car la nourriture les animaux & leur accroiſſement ſe fait par la diſtribution que le cœur fait du ſang en le pouſſant dans toutes les parties, au milieu deſquelles il eſt ſitué pour les nourrir toutes d'un meſme ſang : Mais dans les Plantes, ſuivant les conjectures qu'on peut tirer de pluſieurs experiences, ce n'eſt point un meſme ſuc qui nourrit toutes les parties, & qui les fait croiſtre & pouſſer, y en ayant un qui va de l'extremité des racines juſqu'à l'extremité des branches, que nous appellons ſimplement nourriſſier, parce qu'il nourrit & fait croiſtre la principale partie de la Plante ; ſçavoir, celle qui eſt hors de terre, & une autre qui va de l'extremité des branches à l'extremité des racines, pour les nourrir & pour les faire pouſſer, juſques-là qu'il ſemble meſme qu'il y ait quelques racines dont les branches produiſent comme des fruits; ainſi qu'il ſevoit dans la grande Scrofulaire, dans la petite Chelidoine, dans la Filipendule, dans l'Aſphodele, & dans les autres Plantes, dont les racines jettent des parties bulbeuſes & rondes en maniere de fruits pendans de leurs queuës, & ayant une ſubſtance & un gouſt different du reſte de la racine, comme ſi elles eſtoient pluſtoſt une choſe produite par la racine, qu'une partie de la racine. Voyez la 20. experience.

prise de l'ac-
croiffement
des racines.

Cette Oeconomie eft fondée en premier
lieu fur la probabilité des mefmes principes que nous avons établis comme ne-
ceffaires à la nourriture en general ; fçavoir, le paffage fouvent reïteré des fucs
nourriffiers, par des organes pourveus
de difpofitions capables de changer &
d'alterer la nourriture, pour la faire devenir en quelque façon femblable aux
parties qui doivent enfin fe l'affimiler:car
il n'y a point d'apparence que l'humidité
qui paffe de la terre dans les racines, les
puiffe nourrir immediatement avant que
d'avoir efté preparées par d'autres parties ; une mefme partie ne pouvant pas
preparer & affimiler fa nourriture. En
fecond lieu ce different mouvement d'u-
ne differente nourriture, dont l'une eft
deftinée à faire pouffer la racine, &
croiftre les branches qu'elle jette dans
terre; l'autre à faire croiftre le tronc, les
branches & les feüilles qui font hors de
terre, eft fondée fur la maniere dont les
racines croiffent : car leur accroiffement
eftant pareil à celuy des branches qui font
hors de terre, il eft croyable que l'un &
l'autre fe fait d'une pareille maniere, &
que de mefme que les branches qui font
hors de terre, pouffent en enhaut par l'impulfion d'un fuc qui vient d'embas, les
racines pouffent auffi par embas par l'impulfion

pulſion d'un ſuc qui vient d'enhaut ;
joint auſſi que de meſme que l'humidité
de l'air & de la pluye, ſe joint aiſement à
tout le ſuc crud qui retourne du haut de
la plante aux racines, à cauſe de la reſ-
ſemblance de la nature de ces deux ſubſtances ; par la meſme raiſon le ſuc crud
& aqueux de la terre paſſe aiſement dans
les racines qu'il trouve abbrevées d'un
ſuc de pareille nature, tel qu'eſt celuy
qui eſt deſcendu du haut de la plante. Et
c'eſt du meſlange de ces deux ſucs que ſe
fait la premiere fermentation & l'efferveſcence qui eſt le premier principe de
toutes les actions de la vegetation : en
ſorte que les terres ſont fertiles à proportion qu'elles contiennent plus de ce ſuc
capable d'exciter quelque fermentation.
Il y a une experience celebre rapportée
par la pluſpart des autheurs de l'Agri-
culture, par laquelle il me ſemble que
cette propoſition eſt aſſez bien éclaircie.
Pour connoiſtre ſi une terre eſt fertile,
on fait une foſſe, & on laiſſe la terre que
l'on en a tirée quelque temps à l'air, puis
on remet la terre dans la foſſe ; & celle
qui ne la peut remplir eſt eſtimée ſterile :
au contraire, celle qui ne peut eſtre contenuë toute dans la foſſe, ſe trouve eſtre
tres-fertile : Car la raiſon de cela eſt, que
la terre qui ne peut eſtre contenuë dans ſa

fofle, s'eft gonflée par la fermentation qui luy eft arrivée pour avoir reçû des fels propres pour cela, que l'air luy communique, & qui fe font aifement infinuez dans fes pores, parce qu'elle a efté renduë penetrable & comme fpongieufe par le remuement de la foüille, qui n'a produit dans la terre fterile, que l'évaporation d'une humidité aqueufe & plus aifée à fe diffiper que l'humidité graffe des terres fecondes ; cette humidité graffe eftant d'ailleurs plus propre à la fermentation qui fe fait toûjours mieux dans une fubftance graffe & vifqueufe que dans celle qui n'a qu'un fuc aqueux. Mais toutes ces chofes feront plus particulierement éclaircies par les reflexions qui feront faites fur les experiences dont la feconde Partie de ce Traité eft compofée.

SECONDE PARTIE.

*Contenant des Experiences pour l'éclair-
cissement de la Circulation de la seve des
Plantes.*

Quoy que les raisons alleguées dans
la premiere Partie pour insinuer la
Circulation de la seve des Plantes, y
soient confirmées par des experiences, il
en reste encore un grand nombre qui sont
icy mises la pluspart sans liaison & sans
ordre, parce que l'on suppose qu'il n'est
pas difficile de les rapporter à l'ordre qui
a déja esté établi. Ces Experiences sont
de deux especes, les unes sont nouvelles;
sçavoir, celles qui ont esté faites pour
appuyer les conjectures qu'on a d'ailleurs
pour la probabilité de la chose pour laquelle elles ont esté faites. Les autres
sont communes & connuës de tout le
monde; & il me semble que ces dernieres
ne doivent pas estre estimées les moins
considerables, on peut mesme dire qu'elles sont aussi nouvelles que les autres, à
cause de la nouvelle application que l'on
en fait à l'éclaircissement d'une opinion
nouvelle : du moins estant prises comme
elles sont de choses averées, leur certitude les doit faire aller du pair avec les

autres, qui pour dire le vray peuvent
laisser quelques doutes à ceux qui ne les
ont pas faites, & peut-estre encore davantage à ceux qui les voudront faire;
parce qu'il pourra arriver que ne réusis-
sant pas par un hazard qui fait quelquefois manquer les choses les plus certaines, ce mauvais succés est capable de
rendre suspecte la foy de cét écrit avec
quelque raison, nonobstant les protesta-
tions sinceres qu'on y fait que la pluspart
de ces experiences ont esté verifiées par la
plus grande partie de la Compagnie.

I.
Le vice qui
passe d'une
partie gastée
dans toute
la plante ne
se peut ex-
pliquer sans
la circula-
tion.

On a de tout temps observé que les
jeunes rejettons des arbres, estant ou ge-
lez ou broutez par les animaux dont la
morsure leur est pernicieuse, il arrivoit
que bien que le reste de l'arbre ne fust
point endommagé, il ne laissoit pas de
mourir, ou de demeurer languissant, si
l'on ne coupoit de bonne heure ces rejettons. Mais on n'avoit pas fait refléxion sur toutes les raisons qu'il peut y
avoir d'un effet si surprenant.

Par la mesme raison faute d'avoir sçû ce
que la circulation du sang peut produire
dans les animaux, on ignoroit autrefois
la cause la plus probable de la communication qui se fait du vice d'une partie
gangrenée ou envenimée par la morsure

de quelque animal ou autrement, auſſi
bien que celle du remede qui conſiſte
dans l'amputation de la partie gangrenée
qui empeſche que ſa corruption, qui a
infecté le ſang qu'elle contient, ne ga-
gne le cœur, ſuivant le mouvement qu'il
a naturellement par la circulation vers
cette partie, & qu'ayant infecté cette
ſource du ſang, il ne ſe répande par tout
le corps.

Il y a donc grande apparence que ſi la
corruption inſigne d'un rejetton, infecte
tout l'arbre, c'eſt par la raiſon que le ſuc
corrompu qui en deſcend à la racine,
l'infecte d'une pareille corruption, qui
de là ſe repend dans tout l'arbre.

ON a encore remarqué que le guy qui
vient ſur les arbres fruictiers, les affoiblit & rend leurs fruits moins agreables,
& que cette excroiſſance leur ayant eſté
oſtée, ils ſe rétabliſſent en leur premier
état. On ſçait que le guy eſt une Plante
non ſeulement d'une ſaveur & d'une
odeur forte & deſagreable ; mais que
meſme elle eſt eſtimée venimeuſe, & il
eſt aiſé de concevoir qu'elle ne nuit aux
arbres dont elle naiſt, & ne leur communique ſes mauvaiſes qualitez, que par le
paſſage du ſuc qui retourne des reſtes de
ſa nourriture, & qui ſe meſlant avec ce-

I iij

II.
Les arbres
languiſſent
lorſque le
guy ou la
mouſſe les
ont infectez,

luy de l'arbre qui defcend à la racine, remonte enfuite dans toutes les parties de
l'arbre, qui en font infectées. Car on
ne peut pas dire que les mauvaifes qualitez qui font communes au guy & à l'arbre, qui fe trouve mal difposé aprés l'a-
voir produit, viennent d'une mefme difpofition, qui fait que l'arbre affoibli &
vitié d'ailleurs, produit cette excroiffan-
ce comme une puftule & une verruë, qui
dans le corps d'un animal n'eft point tant
reputée la caufe que l'effet de la corruption des humeurs dont il eft déja remply;
cette raifon ne peut eftre alleguée, puifque le guy eftant ofté, l'arbre reprend fa
premiere vigueur, & perd les mauvaifes
impreffions qui luy eftoient communi-
quées par cette dangereufe Plante.

C'eft par cette mefme raifon que l'on
ofte la mouffe qui naift & qui s'attache
fur l'écorce des arbres, & qui leur eft fi
nuifible; parce qu'on leur procure par ce
moyen, un mefme foulagement qu'aux
animaux dont on guerit quelquefois les
vices de la peau par l'application des re-
medes externes, qui deffechent & font
tomber les galles & les puftules qui la
gaftent : Car fi par le retour du fang qui
eft dans la peau, les mauvaifes qualitez
que cette partie a contractées, n'eftoient
point portées au dedans du corps & com-

muniquées à toute la maſſe du ſang & aux entrailles qui l'engendrent, on ne verroit point qu'en gueriſſant une gratelle par la ſeule application d'un remede externe, on guariſt tout le corps, qui aſſez ſouvent eſt malade par la ſeule contagion & par la communication de ce qu'il y a de corrompu & de gaſté dans la peau ; ainſi qu'il paroiſt par les emmaigriſſemens & les fiévres lentes, les langueurs, les dégouſts, & les autres incommoditez que ſouvent on voit ceſſer, lorſque la peau eſtant nettoyée, elle n'infecte & n'envenime plus le ſang qu'elle renvoye inceſſamment au dedans par la circulation.

Ceux qui cultivent les meuriers dont on nourrir les vers à ſoye, ont experimenté que quand on oſte toutes les feüilles à ces arbres, on les fait mourir : & il y a apparence que la meſme choſe doit arriver aux autres arbres. Cette experience fait voir par une raiſon oppoſée, un meſme effet que dans les deux precedentes : car la raiſon qui fait juger que les mauvaiſes qualitez, dont les extremitez des arbres & leurs parties externes ſont affectées, ſe communiquent à tout l'arbre par la circulation, qui fait paſſer juſqu'à la racine, & de là enſuite dans toutes les autres parties, une humeur

III.
Les arbres meurent quand au Printemps on leur oſte toutes leurs feüilles :

corrompuë & envenimée ; cette mesme raison peut faire croire aussi que par le manque de l'humeur utile qui des feüilles retourne ordinairement à la racine, cette partie s'affoiblit insensiblement, & fait languir & ensuite perir toute la Plante.

Ceux qui croyent que la Lymphe portée des extremitez du corps dans le canal thorachique, sert à la sanguification, ou du moins que les restes du sang qui retournent des parties au cœur sont necessaires à la production du nouveau sang, par le melange qui se fait du chyle avec ces restes ; pourroient, supposant la circulation de la seve dans les Plantes, induire par une probable analogie la necessité de ce retour des restes de la nourriture : Car on peut dire qu'un animal à qui l'on osteroit tout le sang des veines, c'est à dire celuy qui retourne au cœur, ne pourroit pas vivre, quoy que le mesantere & le receptacle du chyle fournissent toute la matiere necessaire à la confection du sang, & qu'il periroit par le défaut, non de la matiere du sang, mais par la raison que le cœur & ses vaisseaux seroient privez du ferment du sang dont le mélange est necessaire à la transmutation du chyle en sang ; puisque si l'arbre mutilé par le dépoüillement de toutes ses feüilles,

re qui retourne des feüilles au dedans estant necessaire à la racine.

perit ; c'eſt apparemment parce que la racine ne reçoit plus cette humeur qui provient des reſtes de la ſeve, dont les feüilles ſe ſont nourries, & qui ſe fermente fort aiſement ; ainſi que l'on en a fait experience dans les eaux que l'on recueille au Printemps du tronc percé des Bouleaux, des Saules, des Noyers, &c. qui ſe fermentent & s'aigriſſent en peu de temps.

La ſympathie & la conſpiration mutuelle que tous les Philoſophes reconnoiſſent dans les parties des corps vivans, qui les diſtingue des corps inanimez, dont les parties ſe conſervent chacune dans leur eſtre independamment les unes des autres, n'a jamais eſté expliquée ſi diſtinctement & ſi clairement qu'elle le peut eſtre par ce commerce que le cœur & toutes les autres parties ont enſemble, par le moyen de la circulation, pourvû que l'on ſuppoſe ce beſoin mutuel que le cœur & les autres parties ont l'un de l'autre. Car dans les hypotheſes ordinaires qui établiſſent le cœur comme un ſoleil, repandant ſes influences ſur la terre ſans en rien recevoir, & qui luy font diſtribuer par tout le corps de l'animal une chaleur vivifiante qui ſort de ſon parenechyme comme d'une ſource, vers laquelle rien ne retourne ; ce n'eſt point propre-

I v

ment une conspiration, puisque le commerce n'est pas mutuel ; & il semble
que pour cela il soit necessaire de supposer que toutes les parties, en agissant sur
le sang dont elles se nourrissent, luy im-
priment chacune quelque chose de leur
charactere particulier ; & que la portion,
qui des parties retourne au cœur, n'estant
encore que comme une ébauche, &
n'ayant que des lineamens imparfaits,
elle a besoin que le cœur la dispose à recevoir la derniere impression dans l'assimilation. Car je suppose que la portion
du sang qui passe plusieurs fois par le
cœur & par les parties, sans estre assimi-
lée & convertie en leur substance, est
comme une medaille que l'on met & que
l'on presse plusieurs fois entre les coins
avant qu'elle y puisse recevoir la figure
bien nette & bien parfaite ; & que comme à chaque fois que l'on remet la medaille dans les coins ou quarrez, il est necessaire de la mettre au feu & de la recui-
re, pour la rendre susceptible de l'impression des coins : de la mesme maniere
la portion du sang qui retourne au cœur,
y reçoit une preparation par la vertu de
la chaleur qui luy est naturelle, laquelle
dispose le sang à estre plus aisement re-
vestu des qualitez propres & singulieres
de chaque partie.

C'eſt ainſi qu'il eſt croyable que la racine des Plantes donne aux portions de la
ſeve qui luy revient de chacune des parties, les diſpoſitions neceſſaires pour recevoir le dernier charactere que l'aſſimilation leur doit imprimer, & que l'on
peut dire que la racine d'un arbre, qui
ne reçoit plus cette portion conſiderable
qui luy revenoit des reſtes de la nourriture de toutes les feüilles, eſt notablement
affoiblie ; ſoit que demeurant oiſive par
la privation de la principale matiere de
ſon travail, elle tombe en une langueur
qui devient enfin pernicieuſe à toute la
Plante : ſoit que l'abondance du ſuc
qu'elle reçoit de la terre, & qu'elle envoye dans le tronc & dans les branches,
ne trouvant plus de feüilles qui luy im-
priment les diſpoſitions ſalutaires qu'elles
ſont capables de luy donner, retourne
à la racine deſtituée de ces qualitez, &
avec une crudité qui luy eſt à charge, &
qui, s'il faut ainſi dire, la noye & l'é-
touffe.

La perte que la pluſpart des arbres
font de leurs feüilles en Automne, ne
leur eſt pas nuiſible, parce qu'en ce
temps & pendant tout l'Hyver, la terre
eſtant privée des bonnes influences de
l'air, ne conçoit point cette fermentation qui pouſſe le ſuc dans les racines, &

alors ayant peu de seve, elles la con-
sument toute en la nourriture du bois &
de l'écorce avec toutes les circonstances
ordinaires de la circulation.

I V.
[L]a seve se
[f]ait dans les
[f]euilles, pour
[d]e là aller
[a]ux fruits,

ON a choisi deux seps de Vigne de mesme espece & de mesme force, situez proche l'un de l'autre & en un mesme Soleil.
Lorsque le fruit commençoit à meurir,
on a osté toutes les feüilles à l'un des
seps; il est arrivé que les raisins de ce sept
n'ont meury qu'à demy, & que ceux à qui
l'on avoit laissé les feüilles, ont acquis
une maturité sans comparaison plus
parfaite que les autres. Cette experience confirme les inductions de la precedente, & fait voir premierement que les
feüilles des arbres ne sont pas faites ainsi
qu'on croit pour couvrir les fruits, &
qu'elles ne leur sont point utiles en les
deffendant de la trop grande ardeur du
Soleil, puisque beaucoup des grappes du
sep qui en avoit toutes ses feüilles ayant
toûjours esté exposées au Soleil pendant
le temps de la maturation, n'ont pas laissé
de meurir aussi parfaitement que celles
qui estoient couvertes dans le mesme
sep.

dont la ma-
turation dé-
pend de cel-
le qui s'est
faite dans
les feüilles;

En second lieu, cette experience fait
voir que le principal usage & l'action la
plus importante des feüilles dans les ar-

bres, eſt de cuire le ſuc qu'elles reçoivent & de le preparer, afin que ce qui
en retourne dans le tronc & à la racine,
eſtant enſuite renvoyé de la racine aux
fruits, leur fourniſſe une matiere plus
noble & plus perfectionnée par la coction
qu'elle a reçû dans les feüilles, que
n'eſt le ſuc que la racine reçoit de la terre.
Car les fruits du ſep dépoüillé de ſes
feüilles dans le ſyſteme ordinaire auroient
dû profiter de l'abondance de la ſeve que
les feüilles oſtées leur laiſſent, en joüiſ-
ſant ſeuls de toute la force de la Plante,
qui par ce moyen ne ſeroit employée qu'à
la nourriture du fruit. Mais il y a bien
plus d'apparence de dire que comme le
fruit eſt la fin pour laquelle toute la Plante travaille, plus la Plante a de feüilles,
c'eſt à dire plus elle eſt grande à proportion des fruits qu'elle porte, & plus les
fruits ont de facilité à venir à leur perfection, y ayant un plus grand nombre de
parties qui y travaillent.

Ce Theoreme pourroit fonder une re-
gle pour la taille des arbres, qui ſeroit
que pour avoir des fruits plus gros & de
meilleur gouſt il faudroit coupper ſeulement & retrancher une partie des bou-
tons à fleur, & laiſſer tout le reſte du
bois, afin qu'en donnant moyen à ce
bois de croiſtre & de produire beaucoup

de branches & de feüilles, on pourvuſt à
avoir, s'il faut ainſi dire, comme un
grand nombre d'ouvriers & de ſerviteurs
deſtinez à travailler à la perfeſtion de la
maturité des fruits. C'eſt par cette raiſon
que pour rafraichir les entrailles & pour
en corriger en quelque façon la ſechereſ-
ſe, le bain univerſel à toute une autre
force que les fomentations des hypo-
chondres & du ventre, & que le demy-
bain : en ſorte qu'il y a apparence que les
entrailles d'un corps qui auroit ſix bras &
autant de jambes recevroient un bien
plus grand rafraichiſſement du bain entier, par la raiſon que la bonne tempe-
rature que l'eau communique au ſang
contenu dans la peau & qui retourne aux
entrailles doit avoir plus de puiſſance de
le communiquer aux entrailles. Par ce
moyen, plus cette peau a d'étenduë, &
plus il y a de parties qui reçoivent cette
impreſſion ſalutaire, & qui ſont capables
de la communiquer aux parties internes.

Il paroiſt en troiſiéme lieu que les feüilles en quelque façon tiennent lieu de racines, & qu'elles font un office preſque
pareil, ainſi qu'il ſera expliqué dans la
onziéme Experience : car de meſme que
les racines travaillent pour tout le reſte
de la Plante en cuiſant tant le ſuc étran-
ger qu'elles reçoivent de la terre, que le

fuc propre qui leur revient de toutes les
autres parties de la Plante ; les feüilles
font la mefme chofe en cuifant tant l'humeur étrangere qu'elles reçoivent de l'air
& de la pluye , que le fuc propre qui leur
eft envoyé de la racine.

C'eft par cette raifon que les Melons
meuriffent bien plus parfaitement quand
le fruit eft couvert avec des cloches de
verre qui empefchent que la pluye & la
rofée ne les moüillent , n'empefchent
point que les feüilles n'en foient moüillées : Car de mefme que l'eau tombant
immediatement fur le fruit & l'abbreu-
vant, empefche qu'il ne meuriffe, en luy
faifant confumer inutilement la puiffance
qu'il a pour meurir, & l'employant à la
coction de l'humeur cruë de la pluye , qui
eft un travail plus difficile que n'eft la
coction de la feve que la racine luy a
preparée ; cette mefme eau qui abbreuve
les feüilles , fourniffant à la racine un fuc
moins crud que n'eft celuy qu'elle reçoit
de la terre , parce que ce fuc eft cuit &
preparé par l'action de leur vertu vegetative ; la racine employe plus utile-
ment fa force fur ce fuc, & le perfectionne avec plus de facilité.

Dans l'anture des arbres on experi-
mente que les antes profitent davantage

& à couvrir bien à propos les fruits pour ne laif-fer tomber la pluye que fur les feüil-les.

sur certains sauvageons , qu'elles lan-
guissent sur d'autres , & meurent souvent
l'un & l'autre. Quoy que cela se puisse
attribuer à la grande dissemblance des
arbres , qui se rencontre quelquefois telle
que la disposition des conduits , dans lesquels la racine & le tronc des sauvageons
reçoivent & preparent la nourriture qui
leur est convenable , n'est pas propre à
l'ante , à cause qu'elle a une disposition
qui demande une nourriture autrement
preparée. Il y a neanmoins un fait particulier dans la rencontre dont il s'agit,
dont il semble qu'on ne peut rendre la
raison que par l'hypothese de la circulation : Car on a remarqué que le plus souvent la racine est la premiere qui paroist
s'affoiblir & comme s'emmaigrir dans ces
sortes d'antures , lorsque l'ante ne donne
encore aucune marque de la mauvaise
disposition dans laquelle elle tombe dans
la suite : comme si dans la jonction qui se
fait du sauvageon avec l'ante , la seve
qui monte dans le sauvageon estant une
humeur penetrante & poussée avec violence par la racine , s'insinuoit facilement dans les conduits que l'ante a pour
la laisser monter, en les dilatant, & recti-
fiant en quelque maniere la figure qu'ils
doivent avoir pour luy donner entrée ; &
qu'au contraire l'humeur qui descend de

l'ante ne se trouvast pas assez subtile
pour pouvoir entrer dans les conduits
descendans dans le sauvageon, qui ne
sont pas disposez de la mesme maniere
que les siens ; & qu'ainsi la racine estant
privée de cette humeur qui luy doit revenir, devinst languissante, & que sa
langueur se communiquast au reste de
l'arbre, & en causast enfin la perte entiere.

Cela n'est pas difficile à comprendre si
l'on considere ce qui arriveroit à un animal à qui le sang seroit empesché de retourner au cœur avec la facilité ordinaire ; & si l'on fait reflexion sur la force que
le sang arteriel a de penetrer les porositez
de toutes les parties, & que cette puissance ne se trouve point dans le sang contenu dans les veines.

AYANT arraché de terre plusieurs Plantes pareilles & entieres avec leurs racines, on en a choisi une dont le tronc se
divise en deux branches : on l'a plongée
dans l'eau seulement par le bout d'une
des deux branches, & l'y ayant laissée
quelques jours, elle s'est non seulement
entretenuë fraische, mais elle a encore
poussé de nouvelles feüilles du costé mesme qui n'estoit pas moüillé, pendant que
les autres Plantes se sont entierement
desseichées. Cela a fait juger, que dans

V I.
La noursitu-
re ne vient
quelquefois
à la racine
que par les
feüilles :

de mesme que quelquefois elle ne vient à tout le corps des animaux que par la peau.

la Plante qui avoit esté moüillée par l'u-
ne des extremitez, l'eau ayant penetré,
les porositez des feüilles s'est meslée
avec la partie cruë qui descend à la racine; & que là ayant esté cuite & preparée,
elle est retournée par toute la Plante en
qualité de suc nourrissier. C'est ainsi que
les choses nourrissantes appliquées au
dehors du corps des animaux, les peuvent nourrir, leur substance plus subtile
penetrant au dedans, & se meslant avec
le sang qui y retourne, comme l'experience fait voir aux Chiens qui tournent
la broche, & mesme aux Bouchers,
Charcutiers & Cuisiniers, qui sont toûjours fort gras & fort replets; & c'est aussi
par cette raison que quelques-uns croyent
que le fœtus dans les premiers temps se
nourrit de l'humeur contenuë dans l'Am-
nios, & qu'il la reçoit par les pores de la
peau. Car de mesme qu'il n'est pas croyable que la substance, qui estant appli-
quée par dehors penetre dans les corps
des animaux, puisse nourrir immediatement les parties ausquelles elle est appli-
quée, & qu'il est necessaire de supposer
que cette substance entre dans les veines,
aprés avoir penetré la peau, & que de là
elle passe dans le cœur pour y recevoir le
caractere du sang arteriel : il y a aussi
grande apparence que la rosée ni la pluye

ne nourrit point immediatement les Plantes qui en sont moüillées ; mais qu'il faut que cette humeur soit portée à la racine pour y estre convertie en humeur capable de donner de la nourriture , & y recevoir ce changement qu'Empedocle appelloit pourriture , & qui se fait par le mélange de l'eau avec la partie cruë qui retourne à la racine , que l'eau détrempe & rend plus coulante : joint aussi que l'eau contribuë quelque chose de sa substance , qui contient beaucoup de parties de la nature de celles qui composent le suc que la terre fournit pour la nourriture des Plantes.

Mais l'experience dont il s'agit , peut faire croire que la chose est ainsi ; parce que l'eau dans laquelle la branche est plongée , ne nourrit pas seulement cette branche ; mais elle nourrit & mesme fait croistre l'autre qui n'a point esté moüillée , & qui ne peut recevoir de nourriture que de la racine, & la racine ne la peut avoir prise que de la branche qui est plongée dans l'eau ; puisque l'on voit que les autres Plantes arrachées en mesme temps, dont les branches ne plongent point dans l'eau, se sont desseichées, & sont bien-tost mortes faute de nourriture.

On a fait encore une autre experience sur ces Plantes. On en a couppé quel-

C'est par le
moyen de la
circulation
que les Plan-
tes arrachées
de la terre
subsistent
quelque
temps & se
nourrissent.

ques-unes par le bas proche de la racine,
& l'on a emplastré avec de la cire les extremitez couppées, pour empescher qu'il
ne s'exalast rien de leur humidité par ces
endroits. On a remarqué que ces Plantes se sont desseichées sans comparaison
plus promptement que celles qui avoient
esté laissées entieres, y ayant apparence
que dans ces Plantes entieres la vie s'est
entretenuë par la coction de l'humeur
cruë, qui a continué à se circuler, passant souvent de la racine dans les branches, & des branches dans la racine, &
que celles qui ont esté couppées, ont cessé
de se nourrir faute de circulation.

Et afin qu'on ne puisse pas dire que si
les Plantes entieres ont demeuré plus
long-temps sans se seicher, cela est arrivé
par le moyen du suc que la racine a fourny au reste de la Plante ; on a observé que
la racine ne s'est pas seichée pluftost que
le reste de la Plante : ce qui seroit arrivé
si les autres parties de la Plante ne ren-
voyoient pas à la racine les restes de la
nourriture que la racine leur a envoyée.

V I I.
Les Plantes
qui jettent
par les deux
bouts ne le
sçauroient
faire sans
supposer la
circulation,

ON sçait par experience qu'il y a des
arbres comme le Sureau, le Saule, la
Vigne, la Ronce, &c. dont les branches
ayant esté couchées en terre, y prennent
racine, & estant ensuite couppées &

ſeparées de l'arbre , jettent des branches & des feüilles des deux coſtez , c'eſt à dire du coſté de la partie qui a eſté couppée de meſme que de l'autre. Cela fait voir que la ſtructure des branches de ces arbres n'eſt pas ſeulement propre à conduire le ſuc qui monte de la terre vers le haut des arbres ; mais qu'elle a auſſi des organes pour la faire couler vers le bas : car cette production de branches & de feüilles vers la racine & ſuivant la direction oppoſée à la direction ordinaire , ſe fait apparamment par la reception du ſuc, qui dans la terre ſe trouve propre à la nourriture des Plantes : Car ce ſuc eſtant entré dans les pores de l'écorce , paſſe & monte dans les conduits par leſquels les reſtes de la nourriture ont accoûtumé de deſcendre à la racine , y eſtant pouſſé par la fermentation & par la rarefaction qui l'a fait gonfler , & par ce moyen s'élever de la meſme maniere que le ſuc qui vient de la racine ſuivant le cours naturel , eſt porté en haut ; y ayant ſeulement cela de difference dans le mouvement par lequel ce ſuc eſt élevé , qu'il n'eſt pas aidé par la legereté & par la volatilité qui ſe doit rencontrer dans le ſuc fermenté dans la racine , qui apparemment a quelque choſe de particulier pour exciter cette fermentation qui manque aux autres parties. C'est pourquoy il faut supposer que cette vegetation des arbres renversez, ne se fait que dans ceux dont les pores ou les conduits par lesquels la seve est filtrée & conduite des racines aux branches, & des branches aux racines, ne sont pas beaucoup differens les uns des autres, comme ils sont ordinairement dans la pluspart des Plantes, où les conduits par lesquels le suc nourrissier qui monte est transporté, estant beaucoup differens de ceux par lesquels le suc crud descend; il est bien difficile que la partie grasse & propre à nourrir du suc qui est dans la terre, s'insinuë dans les conduits qui ne sont pas disposez à la recevoir, principalement lorsque la fermentation & l'effervescence qui se doit faire dans la racine, luy manque.

parce que ce Phenomene suppose de deux sortes de conduits pour la distribution de la nourriture.

La raison que l'on peut rendre de cela est, que la nature de chaque Plante dépend de la constitution particuliere des conduits, par lesquels elle reçoit le suc nourrissier preparé dans la terre : en sorte que ce suc estant indifferemment propre à la nourriture de toutes les Plantes, il est déterminé à entretenir & à faire croistre chaque Plante par la constitution particuliere des conduits qui sont dans la Plante. Or supposé que ces conduits ayent une certaine figure, ou telle autre dispo-

fition que l'on voudra à qui il faille attribuer toutes les actions de la vegetation,
on peut concevoir qu'il arrive trois chofes : La premiere eft, que ces conduits
n'admettent que les fucs qui font en quelque façon propres à la nourriture de la
Plante: La feconde, que ces fucs reçoivent
une impreffion conforme à la nature particuliere des conduits, laquelle acheve de
leur donner ce qui leur manque pour eftre
tout-à-fait propres à nourrir la Plante :
La troifiéme eft, que les conduits en agiffant fur les fucs qu'ils contiennent, fouffrent auffi quelque alteration qui leur
fait infenfiblement perdre leur difpofition naturelle : de mefme qu'une filiere
perd enfin fon exacte rondeur à force
d'agir fur les fils quarrez qu'on y fait paffer pour les arondir, Et cela peut faire
comprendre pourquoy les feüilles des arbres tombent en Automne, fi l'on confidere que les figures ou les autres difpofitions des conduits par où paffe la nourriture des arbres, font comme effacées fur
la fin de l'Efté, par la longue action de
la vegetation des Plantes, & que ces
conduits ont befoin du repos de l'Hyver
pour leur donner le moyen de fe rétablir
par la force du reffort, ainfi qu'on voit
un oreiller de plume enfoncé & applati
par une longue preffion revenir à fa pre-

miere enflure quand on a esté quelque
temps sans le presser : de maniere qu'il
faut concevoir que ce repos donne moyen
aux conduits de pouvoir recommencer au
Printemps à agir plus efficacement sur les
sucs, & les mettre en état de produire de
nouvelles feüilles.   Suivant cette mesme
hypothese il faut aussi concevoir, que
les Plantes qui gardent leurs feüilles en
Hyver, ont leurs pores trop peu fléxibles pour souffrir que leur figure soit
changée & alterée par le passage des sucs
qui leur servent de nourriture ; & en effet
il se trouve que toutes les Plantes qui ne
se dépoüillent point l'Hyver, sont beaucoup plus dures & plus fermes que les autres.

Car cela estant supposé, il est aisé de
comprendre que dans le Sureau & dans
les autres arbres dont il s'agit, les conduits par lesquels la nourriture monte,
& ceux par lesquels elle descend, estant
peu differens les uns des autres, le suc de
la terre propre à nourrir est entré plus
facilement dans les conduits descendans
des branches, qui estoient devenus montans, ayant esté renversées, qu'il n'auroient fait, si ç'avoit esté un autre arbre,
où les conduits descendans sont fort dif-
semblables des conduits montans, & par
consequent incapables de recevoir le suc
nourrissier.

nourriſſier. Il eſt encore aiſé de concevoir que le ſuc nourriſſier de la terre, s'eſtant fermenté dans les conduits deſcendans, par le mélange de l'humeur cruë & acide qu'il y a trouvée, a acquis par la rarefaction, la nature & les qualitez qui rendent le ſuc nourriſſier propre à monter au haut de la Plante ; & que par le moyen de ces qualitez, il a achevé de donner inſenſiblement aux conduits, la forme & la nature qu'ils doivent avoir pour eſtre propres à laiſſer monter la nourriture : de la meſme maniere que dans les antes, le ſuc qui monte du ſauvageon dans l'ante, change norablement les conduits de l'ante, & leur imprime quelque choſe de ſon caractere ; ainſi qu'on le connoiſt par les qualitez des arbres antez, qui tiennent toûjours quelque choſe de la nature du ſauvageon.

O N a fait germer hors de terre une graine de Courge, qui eſt fort longue, en trempant dans de l'eau tiede ſeulement l'extremité de la graine, qui eſt oppoſée à l'endroit par lequel elle fait ſa double germination, tant de la racine A, que de la tige B. Cette extremité eſt marquée e e. On a obſervé que ces germinations ſe ſont faites comme elles ont accoûtumé de ſe faire dans la terre ; ſçavoir, que la

VIII.
Il y a une maniere de germina ion dans les Plantes qui fait voir

Tome I.   K

graine s'eſt fenduë & ſeparée en deux parties c e, c e, qui demeuroient jointes ſeulement par un fi-let d, duquel la raci-ne naiſſoit d'un coſté, & la tige de l'autre ; Qu'à meſure que cet-te racine & cette tige croiſſoient, le reſte de la graine qui s'eſtoit fendu en deux, croiſ-ſoit auſſi comme ces deux parties croiſſent lorſque la racine eſt dans la terre, d'où ces deux parties ſor-tent & ſe changent en deux feüilles, qui s'élevent & pouſſent avec la tige.

Les conjectures que l'on a tiré de cet-te experience ont fait penſer, que la germination des Plantes a beaucoup de rapport à la gene-ration des animaux, ou du moins aux premiers commence-mens de leur vie, & à la maniere avec laquelle ils reçoivent premierement la

nourriture, qui ne se fait que par la circulation. Car de mesme que les animaux
tirent leur premiere nourriture, & prennent leur accroissement du sang de la
mere reçû dans l'arrierefaix ; la courge a
aussi reçû l'eau dans la partie double c e,
c e, de sa semence par les deux bouts e e: de
mesme que de l'arrierefaix, le cordon du
nombril porte le sang par la veine ombi-
licale dans le foye du fœtus, & de là dans
son cœur, qui s'en nourrit, qui s'en augmente, & qui en nourrit & fait croistre
les autres parties du corps, & que les
restes du sang retournent dans l'arrierefaix par les arteres ombilicales, pour le
nourrir & le faire croistre. De la mesme
maniere, l'eau qui a esté reçûë dans la
double partie de la semence marquée c e,
c e, passe dans la racine & la fait croistre,
la racine faisant croistre la tige, & les
restes de la nourriture de ces parties, retournent dans la double partie de la
graine, & la font croistre & se changer
en feüilles.

Toutes ces choses supposent du moins
un passage de l'eau aux racines, & à la
tige, puis qu'elles se nourrissent, &
qu'elles croissent en consequence de l'hu-
mectation que la semence ne reçoit qu'en
son extremité e e ; & elles supposent encore un retour d'une autre humeur, qui

qu'il passe
quelque
chose des
extremitez
des feüilles
aux racines.

donne nourriture & accroiſſement à la
partie double de la graine , qui ſe change
en deux grandes feüilles : Car on ne peut
pas dire que la vapeur de l'eau dont on a
moüillé le bout de la ſemence , a penetré par dehors dans l'autre partie , dont
la racine eſt formée ; & que cette vapeur
reçûë dans la racine , a fourny toute la
matiere de la nourriture & de l'accroiſſement , tant de la racine , que de la tige ,
& meſme de la partie double de la ſemence ; puis qu'une autre ſemence miſe aſſez
proche de l'eau , pour en reçevoir la vapeur , n'a fait aucune germination. On
ne peut pas dire non plus , que la double
partie de la ſemence ſe nourrit & prend
accroiſſement immediatement de l'eau
dont elle a eſté humeĉtée , puiſque les ſemences miſes en terre , font voir , lorſque
cette double partie croiſt & ſe change en
deux feüilles , que ces feüilles prennent
leur accroiſſement d'une humeur qui
monte de la racine vers leur extremité ,
& qu'il faut qu'il y ait de deux ſortes
de conduits , ou du moins un different
mouvement des ſucs , dans cette double
partie de la racine , pour faire que l'eau
dont cette double partie eſt moüillée par
l'extremité , paſſe de cette extremité
dans la racine , & enſuite de la racine à
l'extremité de cette double partie , pour

la faire croiftre & la changer en deux
feüilles : de forte qu'il ne refte qu'à voir
fi les conduits par lefquels l'eau paffe de
l'extremité de la partie double de la femence dans la racine, font des conduits
organifez à la maniere de ceux qui font
dans les corps vivans, ou, s'il fuffit, pour
recevoir l'eau, que cette partie foit fim-
plement rare & fpongieufe : ce qui fera
examiné dans l'experience qui fuit.

UNE Plante qui avoit beaucoup de longues racines, a efté mife dans l'eau: en forte qu'il n'y avoit que le bout de quelques-
unes des racines qui trempaft. L'on a remarqué que non feulement les parties de
la racine qui trempoient ; mais mefme que
celles qui ne touchoient pas à l'eau, croif-
foient & jettoient de nouvelles fibres. Il eft
aifé de conjecturer par là, que l'eau paffoit de l'extremité des racines plongées,
& alloit vers le tronc de la racine ; & que
cette eau ayant efté cuite & fermentée
par le paffage & le féjour qu'elle avoit
fait dans les branches des racines, & enfuite dans le tronc, qui eft comme le cœur
de la Plante, elle retournoit & eftoit
pouffée vers les autres extremitez de la
racine qui s'en nourriffoient, & qui en
prenoient accroiffement.

Cette experience fait voir en general

ne vient
point imme-
diatement
de la terre,

de quelle maniere les Plantes prennent,
cuisent & distribuent leur nourriture, &
qu'il n'est point concevable, ainsi qu'il a
esté dit, que par une mesme action elles
la preparent, elles l'assimilent, elles la
reçoivent, & elles la poussent : ce qu'il
faudroit supposer si ce mouvement par
lequel la seve passe dans la racine pour
monter aux branches, ou qui des branches humectées de l'air & de la pluye la
fait descendre à la racine, n'estoit pas un
mouvement vital, de mesme que celuy
par lequel elle est poussée du tronc de la
racine vers ses extremitez dans la terre,
& vers les extremitez des branches hors
de terre. Car il y a grande apparence
que l'introduction qui se fait dans les corps
vivans de quelque humeur que ce soit, est
tout-à-fait differente de celle qui se fait
dans les mixtes quand des humeurs penetrent par des dispositions simplement éle-
mentaires, qui se rencontrent propres à
cela, tant dans les corps penetrez, que
dans ceux qui penetrent, telles que sont
la constitution fortuite des pores & la fluidité des humeurs : Car il est constant que
les corps vivans doivent avoir dans tous
leurs conduits une structure si admirable,
& tellement differente de celle qui peut
estre imaginée dans tous les autres corps,
qu'il est impossible de croire que ce qui est

cauſe que l'humeur paſſe & s'éleve du
bout de la racine à ſon tronc , & qui fait
que cette humidité eſt preparée à recevoir
un changement auſſi étrange qu'eſt celuy
de l'eau ſimple & du ſuc pris dans la terre , en du bois , de l'écorce , des feüilles ,
des fleurs , des fruits & des ſemences ; il
eſt , dis-je , bien difficile de croire , que
cet eſtre ne ſoit pas pourvû dans toutes
ſes parties , d'organes plus artiſtement
conſtruits , & avec de plus nobles diſpoſitions , que ne ſont celles qui ſuffiſent à
laiſſer paſſer une liqueur. De plus il y a
grande apparence que lorſque le ſuc de la
terre entre & paſſe des fibres d'une racine
juſqu'à ſon tronc , la nature qui n'eſt jamais oiſive , ne manque pas d'agir ſur ce
ſuc , & qu'elle doit avoir pour cela des
diſpoſitions dans les conduits par leſquels
ce paſſage ſe fait , qui ne ſont point differentes de celles qu'elle a miſes dans les
veines des animaux , qui cuiſent & travaillent à perfectionner le ſang par la vertu des membranes qui l'enferment & qui
le conduiſent.

Enfin cette experience donne lieu de
croire que l'eau , qui paſſant par les extremitez d'une racine moüillée , fait
croiſtre non ſeulement ces extremitez ,
mais auſſi les autres extremitez qui ne ſont
point moüillées , ne fait point croiſtre ces

mais du tronc de la racine ſe ré-
pend dans ſes extremi-
tez.

K iiij

extremitez moüillées d'une autre maniere, que celles qui ne sont point moüillées.
Or les extremitez qui ne sont point moüillées ne croissent que par l'humeur qui a
passé jusqu'au tronc de la racine, & qui
de là se répand dans toutes les extremitez ; les extremitez moüillées prennent
donc aussi leur accroissement de cette
humeur, qui a passé jusqu'au tronc de la
racine, & par consequent dans l'action
par laquelle les racines se nourrissent, il
y a une humeur nourrissiere qui va des extremitez des racines au tronc, & ensuite
du tronc aux autres extremitez de la racine.

X.
Il doit y a-
voir dans les
Plantes des
organes

Deux Plantes de grande chelidoine
ont esté couppées prés de terre, où l'on a
laissé leurs racines : on a plongé dans l'eau
l'extremité des feüilles de l'une de ces
deux Plantes. Quelque temps aprés ayant
couppé à l'une & à l'autre les extremitez
d'embas, on a observé que celle qui n'a-
voit point les feüilles dans l'eau, a jetté
un suc jaune & en petite quàntité, & que
l'autre en a jetté une grande quantité qui
estoit fort aqueux.

qui laissent
descendre
facilement
l'humeur a-
queuse vers
la racine.

Cette experience a fait juger qu'il devoit y avoir des conduits tellement disposez, qu'ils estoient propres à laisser aisement passer & couler embas l'eau qui

eſtoit entrée par le haut de la Plante, ſuivant le chemin que l'humeur cruë & aqueuſe qui retourne à la racine, a accoûtumé de tenir.

Car il faut conſiderer que cette Plante eſtant remplie naturellement de beaucoup de ſuc, on ne peut pas dire que l'eau y ſoit entrée, & qu'elle ſe ſoit épanduë par toutes ſes parties, comme elle auroit fait dans une bande de drap, dont on auroit voulu ſe ſervir pour filtrer ; puis qu'en effet l'eau n'entreroit point dans une bande de drap qui ſeroit déja remplie d'eau, ſi ce n'eſtoit que la plus grande partie de la bande fuſt pendante, & que cette ſituation obligeaſt l'eau à monter pour prendre la place de celle qui à cauſe de ſa peſanteur deſcend par le grand bout de la bande. Mais dans la Plante dont il s'agit, où le ſuc ne s'écoule point pour donner place à l'eau qui peut entrer par les pores des feüilles trempées dans l'eau, il n'y a point d'apparence qu'elle s'y inſinuë par autre raiſon, que parce qu'elle trouve des conduits diſpoſez organiquement pour la recevoir, & pour la laiſſer couler des extremitez vers la racine ; cette diſpoſition à laiſſer couler vers un coſté pluſtoſt que vers un autre, ayant un pouvoir de faire avancer, qui eſt admirable, & que l'experience fait voir aux épics enfermez dans un conduit où ils peuvent couler : car on voit que la moindre impulfion les fait avancer fort vifte vers le cofté de leur queuë, à caufe de la facilité qu'ils ont d'aller vers ce cofté là, & par la repugnance qu'ils ont d'aller de l'autre cofté ; puis qu'il eft aifé de concevoir que l'agitation que l'eau fouffre lors qu'on y plonge l'extremité de la Plante, peut eftre caufe d'une impulfion capable de la faire entrer dans des conduits, où elle trouve une difpofition à y couler avec une facilité qui eft furprenante, de mefme que toutes les autres facilitez que produit l'admirable mechanique des organes des corps vivans.

XI.
Les arbres tirent quelquefois une partie de leur nourriture de leurs feüilles moüillées par la pluye :

ON a remarqué que de grands arbres enfermez entre des baftimens, où tout eft pavé ; en forte qu'il ne fçauroit paffer une goutte d'eau pour abreuver leurs racines, ne laiffent pas de fe nourrir & de croiftre, de mefme que les arbres qui font au milieu des champs, par le moyen des humiditez qu'ils reçoivent de l'air, des pluyes & des rofées, qui ne pouvant moüiller que leur écorce & leurs feüilles, doivent non feulement penetrer ces parties, mais defcendre dans la racine, pour y fuppléer le défaut d'humidité, qui manque à la terre. Cette experience est de mesme nature que la precedente, & fait voir la conformité que la nourriture des Plantes a avec celle des animaux, qui peuvent recevoir & faire passer la matiere de leur nourriture par les pores de la peau, & la conduire par les veines jusqu'au cœur ; ainsi qu'il est prouvé par les exemples alleguez cy-devant ; & encore par une observation fort remarquable que j'ay faite autrefois en l'ouverture d'un corps, où le Pylore se trouva absolument fermé & endurcy comme un os : car le malade avoit vécu plus de deux mois, sans qu'il passast aucune nourriture au de là du Pylore ; cependant il n'avoit aucune autre incommodité que celle d'un vomissement qui luy arrivoit reglement de quatre en quatre jours, par lequel il rejettoit à peu prés tout ce qu'il prenoit pendant ce temps ; le chyle s'amassant dans le ventricule jusqu'à la quantité de trois ou quatre pintes, qui estoit tout ce qu'il pouvoit contenir : car il y a apparence que ce vomissement ne commença que lorsque le Pylore fut entierement fermé, & que pendant le long-temps que ce vomissement dura, le malade ne se nourrit que de ce qui penetra les tuniques du ventricule, & passa dans les veines jusqu'au cœur.

K vj

eſt la por-
tion inutile
qui retourne
à la racine.

LORS qu'au Printemps on entaille les arbres par le bas du tronc, faiſant l'inciſion juſqu'à coupper quelque portion du
bois, on en voit couler beaucoup d'eau :
le bouleau entre-autres en fournit une
abondance extraordinaire, & l'on connoiſt aſſez clairement que cette eau deſcend du haut de l'arbre, & qu'elle n'eſt
pas la ſeve qui le nourrit immediatement,
mais que cette ſeve eſt contenuë dans l'é-
corce, au travers de laquelle elle monte,
comme auſſi par les pores du bois : Car ſi
l'on ne couppe que l'écorce, on y trouve
un ſuc en une quantité mediocre, & d'u-
ne ſaveur aſſez forte ; ſi l'on couppe plus
avant, l'eau inſipide en ſort en abondance, & il eſt aiſé de juger que cette eau
coule entre le bois & l'écorce, & qu'elle
ne monte point, mais qu'elle deſcend ;
parce que ſi l'on couppe l'écorce de l'arbre avec une ſcie, juſqu'à entamer le
bois, & que ce ſoit en deux endroits l'un
au deſſus de l'autre, l'eau ſortira en grande abondance par la coupure de deſſus,
& il n'en ſortira par la coupure de deſſous que tres-peu, c'eſt à ſçavoir ce qui
coule par les coſtez de la coupure, & qui
remonte, à cauſe du reflus qui ſe fait ordinairement dans les arbres, qui comme
la Vigne jettent beaucoup d'eau au Printemps, y ayant apparence que dans ces

fortes de Plantes ; la partie aqueuſe qui
deſcend à la racine, ne coule pas par des
conduits qui déterminent par leur ſtructure le cours de cette humeur à aller à
la racine, ainſi qu'elle y eſt déterminée
dans la pluſpart des autres Plantes. Enfin il n'y a point d'apparence que cette
grande quantité d'eau, qui eſt en des
conduits ſeparez de ceux qui portent
l'autre ſeve enfermée dans l'écorce &
dans les pores du bois, ſerve à la nourriture de la Plante ; parce qu'elle ſe
deſſeicheroit, eſtant privée d'une portion ſi conſiderable de ſa nourriture ; &
l'experience fait voir que cette évacuation ne fait aucun tort aux arbres, cette
humeur eſtant tellement aqueuſe, qu'elle ſe glace auſſi facilement que l'eau
pure : ce qui n'arrive pas à l'humeur
huileuſe & ſulphurée, qui eſt la matiere
prochaine de la nourriture.

Vitruve dit que pour rendre le bois à
baſtir plus durable & plus ſain, il faut
faire cette inciſion aux arbres, quelque
temps avant que de les abattre, pour en
tirer l'humidité cruë, comme par des
ſaignées. Ce remede ſe pratique meſme
aux arbres que l'on n'a pas deſſein d'a-
battre, en faiſant un trou à leur tronc
pour les décharger de leur humidité ſu-
perfluë ; & l'on remarque que l'eau que

l'on en fait ainsi sortir, estclaire & presque insipide, mesme dans des arbres dont
l'écorce a beaucoup d'amertume, ou
quelque saveur forte & piquante : comme si dans ces sortes d'arbres, l'écorce
estoit faite pour conduire la seve qui
doit nourrir tout l'arbre, & que le bois
fust pour ramener à la racine la partie
aqueuse & inutile : ce qui rend la comparaison de Vitruve assez juste ; parce
que la saignée est l'évacuation de la
partie contenuë dans les veines, qui est
moins noble & moins propre à nourrir
les parties du corps, que celle qui est
enfermée dans les arteres : & ainsi cette
portion du sang estant moins élabourée,
elle peut estre ostée sans que le corps
souffre une perte qui soit comparable à
celle qu'il fait quand on luy oste du sang
arteriel.

Cette reflexion peut faire concevoir
que dans la saignée, qui est pratiquée
ordinairement pour la guerison des maladies, il ne se fait pas une perte aussi
considerable du tresor de la vie, suivant
la nouvelle hypothese de la circulation
du sang, que selon l'hypothese des anciens ; & que les consequences que l'on
tire de l'affoiblissement qui arrive aprés
les pertes de sang, causées par les playes,
ou par d'autres maladies, pour inferer

une grande diminution des forces dans la saignée artificielle, ne sont pas tout-à-fait justes ; parce que toutes les évacuations du sang, horsmis celle qui se fait par la saignée artificielle, sont des évacuations d'un sang élabouré avec un effort considerable de la nature, qui se peine beaucoup pour mettre ce sang en état d'entretenir la vigueur de tout le corps ; & le sang qui se tire par les saignées, n'est que le reste du bon sang, ou un sang imparfait, qui à la verité fournit au bon sang une partie de sa matiere ; mais aussi il est le sujet & la matiere d'un nouveau travail au cœur, au poumon & aux autres parties qui la doivent rectifier,& generalement à toutes les parties du corps, dont la vigueur dépend de celles qui travaillent à la sanguification, ausquelles il seroit plus avantageux d'épargner le travail, que de leur en laisser trop de matiere, lorsqu'elles sont affoiblies par la maladie.

O n a fouillé au pied d'un arbre, & on a tiré hors de terre une de ses racines, dont l'écorce ayant esté quelque temps à l'air, s'est épaissie, endurcie & desseichée, & estant devenuë en quelquefacon semblable à l'écorce du tronc & des branches de l'arbre, on y a anté un re-

XIII.

L'enture que l'on fait aux extremitez des racines tirées hors de terre

jetton du mesme arbre , qui a pris &
a poulsé des feüilles & des branches.

Cette experience fournit les mesmes
inductions que la precedente , du moins
à l'égard du mouvement contraire de
deux seves dans les Plantes ; le mouvement de la seve qui va du tronc de la racine , pour sortir par son extremité en-
tée , & passer dans le rejetton , estant
contraire au mouvement que la racine
donne au suc qu'elle reçoit de la terre ,
& qui entre par ses extremitez pour aller vers son tronc.

LEs arbres qui comme le Bouleau ,
la Vigne & le Noyer , jettent au Printemps une grande quantité d'eau lorsque
l'on couppe leur écorce en travers jusqu'au bois , jettent la mesme eau & en
mesme quantité par leurs racines , si
aprés avoir foüillé un peu loin du pied
de l'arbre , on découvre la racine , &
on en couppe les extremitez. Cela éta-
blit encore la probabilité du mouvement
de la seve , qui retourne des extremitez
des branches aux extremitez des racines : Car on ne peut pas dire que la racine estant pleine & gonflée du suc qu'elle a reçû de la terre , le laisse sortir par
son extremité couppée de mesme qu'un
vase remply de liqueur la laisse écouler

quand on le perce par le fond ; puifque le long-temps que dure cét écoulement d'humeur aqueufe, & la grande abondance qui fort continuellement par ces extremitez des racines, n'ayant aucune proportion avec ce qu'elles peuvent contenir lors qu'on les couppe, fait aifement juger qu'il eft neceffaire que cette liqueur vienne de toute la Plante, & qu'elle defcende des branches vers les racines.

Il y a encore une autre conjecture pour cela, qui eft que cette experience fait voir que cét écoulement de fuc par l'extremité des racines couppées, n'affoiblit pas autrement l'arbre que celuy qui fe fait par l'incifion du tronc, & qui devroit arriver fi cette humeur n'eftoit rien autre chofe que l'humeur que les racines viennent de recevoir de la terre ; parce que par ces ouvertures faites au bas de la Plante, toute l'humeur fe devroit perdre avant que rien puft monter dans l'arbre : ce qui n'arriveroit pas dans noftre hypothefe, qui veut que ce qui s'écoule par les racines couppées defcende des extremitez de toute la Plante.

Car ce qui fort ainfi n'eft point l'humeur que la racine vient de recevoir de la terre.

ON voit fouvent que les racines de quelques arbres comme de l'Orme, paf-

XV.
Les arbres jettent quel-

sent au travers des gros murs , & allant bien loin au delà , poussent en l'air de longues branches, de la mesme façon que le tronc de l'arbre en pousse hors de terre. J'en ay veu de la longueur de sept à huit pieds dans l'Acqueduc d'Arcueil , & les Fonteniers m'ont assuré qu'ils en avoient trouvé qui aprés avoir traversé le vuide de l'Acqueduc, avoient encore percé la muraille opposite.

Cette experience est assez précise pour confirmer les precedentes, qui font voir que les racines poussent & croissent par le moyen de la seve , qui descend & qui passe des extremitez de la Plante , de mesme que les branches poussent & croissent par le moyen de la nourriture qui monte , & qui passe des extremitez de la racine , vers les extremitez des branches.

Car quoy qu'on demeure d'accord que dans cette experience la vapeur humide qui est dans l'air , & qui s'insinuë dans les pores des racines , peut contribuer à la matiere de leur accroissement. On ne peut pas dire , ainsi qu'il a déja esté expliqué , que l'humeur qui penetre les extremitez des racines, les fasse croistre immediatement & sans avoir passé dans le tronc , dans les branches , & dans les feüilles qui sont hors de terre , pour retourner enfuite à la racine ; puifque l'on voit que fi ces racines, par exemple, qui paffent au travers d'un mur, & qui font entrées dans le vuide de l'Acqueduc, font couppées entre l'arbre & le mur de l'Acqueduc, elles meurent, & l'humeur qu'elles reçoivent alors par leurs pores, ne les fçauroit empefcher de fe deffeicher, parce qu'elles font deftituées de celle qui defcend des extremitez de la Plante, qui feule eft fa propre & fa veritable nourriture. C'eft par cette raifon que quand on couppe les arbres, en forte qu'on laiffe quelque portion de leur tronc hors de terre, ils rejettent des branches & des feüilles, & les racines fe nourriffent & croiffent ; mais qu'autrement les racines meurent : Car il eft aifé de concevoir par ces experiences, que les racines ne reçoivent l'humeur qui monte de la terre, & qu'elles ne la preparent point pour elles-mefmes, mais pour le tronc, & pour les branches; de mefme que le tronc, & les branches ne preparent celle qui defcend que pour la nourriture des racines.

QUAND on couppe le Figuier, le Sumac & les autres Plantes qui ont en tout temps affez de fuc pour faire voir plus diftinctement de quelle maniere il

XVI.
Les Plantes qui jettent beaucoup de fuc coleré quand on les couppe,

est distribué, on trouve qu'il sort une plus grande abondance de suc de la partie qui a esté couppée, que de celle qui est demeurée en terre, & que ce suc est plus aqueux : mesme que si l'on divise encore cette partie qui a esté couppée & separée de l'arbre, il arrive toujours qu'il sort un suc plus abondant & plus aqueux de la partie qui regarde la racine, que de celle qui regarde l'extremité opposée.

Cette experience fait juger deux choses. La premiere est, qu'il y a des conduits particuliers par lesquels l'humeur aqueuse & inutile pour la nourriture de la Plante, retourne enbas ; & que ces conduits sont disposez de telle sorte, qu'ils laissent aisement couler cette humeur vers la racine : en sorte qu'ils ne luy permettent pas de retourner par le mesme chemin. L'autre est que les conduits qui distribuent l'autre humeur ; sçavoir, celle qui est tout-à-fait en état de nourrir, la laissent couler indifferemment vers le haut & vers le bas de la Plante ; de mesme que les arteres qui pour un semblable effet sont destituées des valvules, par le moyen desquelles le sang est déterminé dans les veines à couler toujours d'un mesme costé.

Cette analogie des differentes manie-

tes de diſtribuer deux eſpeces de ſucs
dans les Plantes, de meſme que dans les
animaux, eſt aſſez remarquable, ſi l'on
conſidere qu'elles ſont pour une fin qui
eſt d'une égale neceſſité dans tous les
vivans. Car la raiſon pour laquelle les
arteres n'ont point de valvules, &
que le ſang contenu dans ces ſortes de
vaiſſeaux peut par le moyen de leur
ſtructure couler avec meſme facilité
vers le cœur, que vers les extremitez
des arteres, eſt l'égalité de la diſtribution de la nourrirure à toutes les parties,
qui n'auroit point eſté telle ſi les arteres avoient eu des valvules : Et cela
pour deux raiſons. La premiere eſt, que
tout le ſang s'amaſſeroit incontinent
vers les extremitez, & les troncs demeurant vuides proche du cœur, ſon
impulſion ſeroit renduë vaine & ſans effet. La ſeconde eſt, que le mouvement
des muſcles & du poumon qui ſert à l'impulſion du ſang contenu dans les vaiſſeaux qu'ils compriment, ne pourroit
ſervir qu'à la diſtribution de celuy qui
eſt dans les dernieres arteres du membre
remué, & tout le reſte du corps auroit
eſté privé de l'utilité que le mouvement
des muſcles apporte à la diſtribution generalle. Car le flus & reflus eſtant libre
dans toutes les arteres, il arrive que

lors qu'elles sont comprimées par le mouvement des muscles en un endroit, l'effet de cette compression se communique generallement à tout ce qui est contenu dans toutes les arteres. Mais au contraire, cette compression auroit esté peu favorable au mouvement que le sang doit avoir dans les veines, si n'ayant point de valvules, elle l'avoit poussé avec autant de force vers les parties dont il vient, que vers le cœur, & si les valvules n'avoient dirigé vers cét endroit tout l'effet de cette compression. Cela est expliqué plus au long & avec des figures au Traité du mouvement Peristaltique.

Il semble que les mesmes raisons demandoient qu'il y eust une pareille disposition dans les conduits qui portent les sucs nourrissiers dans les Plantes que la nature a renduës la plus part fléxibles & capables d'estre agitées par le vent, afin que la fléxion des rameaux faisant une compression aux conduits de ces humeurs, elle pust aider à leur distribution ; & afin que lors qu'il arrive que le vent n'agite qu'une partie de la Plante, les autres peussent joüir du bon effet de cette agitation, elle a rendu les conduits qui portent la nourriture, également capables de la laisser couler de tous les coſtez ; & pour faire que cette compreſſion fuſt en meſme temps favorable au retour de l'humeur cruë vers la racine, elle a diſpoſé en telle ſorte les canaux qui l'y conduiſent, qu'ils la laiſſent couler avec une plus grande facilité vers la racine que vers les autres extremitez ; cét aide leur eſtant neceſſaire, par la raiſon que cette humeur n'eſt pas mobile, penetrante & volatile comme l'autre, & qu'elle ſe rencontre ſouvent dans des retours de branches qui remontent, dans leſquels ſa peſanteur l'empeſcheroit de monter, ſi ce n'eſtoit ce ſecours particulier, que la compreſſion & la diſpoſition des conduits luy peuvent donner.

LA dix-ſeptiéme experience confirme cette raiſon priſe de la ſubtilité penetrante du ſuc qui monte de la racine aux branches, & du manque de ces qualitez dans celuy qui deſcend. Car ſi on lie les Plantes qui rendent beaucoup de ſuc, comme l'Epurge, les grandes Tithymales, &c. par le milieu de leur tige, l'on voit qu'en peu de temps elles s'enflent au deſſus de la ligature, ainſi que l'on voit arriver aux parties du corps quand elles ſont liées ; y ayant apparence que cela arrive, parce que le ſuc

XVII.
Les meſmes Plantes quand elles ſont liées

s'enflent au deſſus de la ligature par la meſme raiſon.

aqueux & phlegmatique qui descend
vers la racine, est aisement intercepté
par le retrecissement que la ligature
cause aux conduits ; & que ce retrecissement ne bouche pas le passage au suc
qui monte de la racine, à cause que sa
subtilité luy fait penetrer les conduits,
quoy que retrecis.

On peut encore dire que dans les
Plantes où cela arrive, l'écorce du dehors conduit le suc qui retourne à la racine, & que celuy qui monte, passant
plus en dedans, & par des canaux durs
& fibreux, n'est pas arresté par la ligature qui ne serre que le dehors ; ainsi
qu'il arrive dans la saignée, où la ligature n'arreste le sang que dans les veines, à cause de la foiblesse de leurs tuniques, qui sont simples & si minces,
qu'elles ne peuvent pas resister à la compression de la ligature comme les arteres, dont les canaux sont composez de
membranes doubles, & assez dures pour
conserver & entretenir leur cavité ouverte, pendant que les chairs & les autres parties molles qui les environnent,
sont comprimées.

XVIII.
L'écorce des
arbres coup-
pée en tra-
vers fait une
cicatrice,

Il est arrivé qu'à des arbres dont on
avoit couppé en travers une partie de
l'écorce, sur la fin de l'Hyver, il s'est
fait

fait une tumeur au deſſus de la coupure, lors qu'au Printemps l'arbre s'eſt remply de ſeve ; cela apparemment s'eſt fait ainſi, parce que la ſeve qui deſcendoit à la racine, s'eſt amaſſée en cét endroit, n'ayant pas trouvé les conduits ouverts pour diſtiler par la coupure, comme elle fait lors qu'on cerne ou qu'on perce les troncs des arbres au Printemps, par la raiſon que la petite quantité de la ſeve qui deſcend en Hyver, n'ayant pas eſté ſuffiſante pour entretenir les conduits ouverts au droit de la coupure, ils ſe ſont deſſeichez & retrecis : en ſorte que l'humeur qui eſt venuë à deſcendre au Printemps, quoy qu'en abondance, n'a pû à cauſe de ſa groſſiereté ſe faire un paſſage comme celle qui monte, qui eſtant plus volatile & plus ſubtile, s'eſt aiſement évaporée par les conduits qui ſont à la partie inferieure, quoy que deſſeichez ou retrecis : & ainſi la partie qui eſtoit au deſſous de la coupure, n'a pas dû ſe gonfler, comme celle qui eſtoit au deſſus.

Les tumeurs qui ſurviennent aux parties des animaux par les playes & par les contuſions, ſe font de la meſme maniere ; ſçavoir, par l'interception du cours ordinaire du ſang, lorſque les petits vaiſſeaux qui les conduiſent, ſont

I. Tome.	L

à laquelle il ſurvient une tumeur encore par la meſme raiſon.

rompus & bouchez par le sang extra-
valé.

Les tiges des Plantes ferulacées
estant couppées en travers dans le temps
que la seve est plus abondante, font
voir assez distinctement des conduits,
dans lesquels des sucs differens sont contenus : ces tiges qui sont creuses, ont
leur tuyau composé d'un grand nombre
de fibres blanches, ligneuses, déliées,
droites & continuës, selon la longueur
de toute la tige, & qui sont environnées
chacune d'une membrane fibreuse &
dure, dont on voit sortir un suc épais
& coloré, qui est enfermé entre la fibre &
la membrane qui fait comme un tuyau :
l'entre-deux de ces tuyaux est remply
d'une substance spongieuse pleine d'une
humeur aqueuse sans couleur & tres-
fluide. Or cette mesme composition de
fibres enveloppées de membranes dures,
avec des intervalles spongieux, se continuë de la tige aux branches, & des
branches à tous les petits filets, dont
l'entre-las & le tissu forme les feüilles,
& generalement toutes les parties de la
Plante.

Il n'est pas difficile de juger que l'humeur contenuë dans les cannaux, au
milieu desquels les fibres sont enfer-

mées, eſt celle qui nourrit immediatement la Plante ; & que celle qui eſt dans
la partie ſpongieuſe, retournant à la
racine, eſt celle qui eſtant arreſtée par
la ligature, fait l'enflure vers les parties
ſuperieures dont il eſt parlé dans l'experience precedente.

L'ALOE' fait voir la meſme compoſition
plus diſtinctement, parce que c'eſt en
plus grand volume. On voit quand on a
couppé une feüille en travers, que le
milieu qui a deux ou trois doigts d'épais,
eſt d'une ſubſtance ſpongieuſe, compoſée d'un grand nombre de membranes
confonduës enſemble, & remplie d'une
humeur claire & inſipide ; & que cette
ſubſtance ſpongieuſe eſt couverte en dehors d'une écorce verte compoſée de fibres droites, longues, contin s & diſpoſées ſelon la longueur de la feüille,
& qu'elle contient un ſuc viſqueux, verd,
jaunaſtre & fort amer.

Ces deux dernieres experiences confirment l'opinion que la precedente a
fait avoir ; ſçavoir, que le ſuc nourriffier de quelques Plantes eſt contenu dans
des canaux comme le ſang l'eſt dans les
arteres, c'eſt à dire ſans que rien l'empeſche de couler d'un coſté pluſtoſt que
d'un autre ; le ſuc nourriſſier de l'aloé

X X.
dans l'aloé,

L ij

estant conduit le long de ces fibres droites dans des tuyaux qui ne paroissent
point interrompus : & qu'au contraire
l'humeur cruë & moins propre à nourrir
est couduite & dirigée vers la racine,
par le moyen d'un grand nombre de
membranes, mises en travers les unes
sur les autres, lesquelles sont capables
par le moyen de cette situation, de dé-
terminer le flus de l'humeur vers un
costé, & de s'opposer à son retour vers
l'autre. Il est évident aussi, que cette
structure manque à quelques Plantes,
comme à la Vigne, dans laquelle on voit
qu'au Printemps quand elle a esté tail-
lée, le suc aqueux qui retourne à la racine, sortant par les extremitez couppées, n'a point, ainsi qu'il a déja esté
dit, ces organes qui le déterminent à
couler vers la racine, & que c'est la seule disposition que la racine a pour le recevoir plus facilement que les autres
parties de la Plante, qui l'attire ; y estant
poussé par un gonflement, qui fait que
trouvant une ouverture par les extremitez que l'on a couppées en taillant la
Vigne, il sort par cét endroit, comme
il sort au bouleau par les trous que l'on
fait au bas de son tronc.

L A mesme chose est encore confir-

mée par cette experience. Si l'on couppe la tige d'un pavot , quatre doigts au
deſſous de ſa teſte lors qu'elle commence à meurir , on verra ſortir un ſuc fort
blanc de bas en haut , & un jaunaſtre de
haut en bas : Car cela peut faire croire
que le ſuc jaune eſt celuy qui retourne à
la racine , & qu'il peut eſtre meſlé avec
quelque portion du ſuc blanc , ſans que
l'on s'en apperçoive ; parce que le mélange du blanc avec les autres couleurs,
ne les change point autrement qu'en les
affoibliſſant : mais il eſt certain que le
jaune n'eſt point meſlé avec le blanc qui
monte pour la nourriture de la Plante ;
parce que le moindre meſlange de quelque couleur que ce ſoit détruit la blan-
cheur. Ainſi cette obſervation fait voir
aſſez clairement que le ſuc qui retourne
à la racine ne peut couler que vers ce
coſté-là, de meſme que le ſang contenu
dans les veines ne peut couler que vers
le cœur : Car le ſuc qui ſort vers le haut
bout de la tige couppée eſt blanc, à cauſe
que la rarefaction le rend écumeux , &
qu'il n'eſt point meſlé avec le jaune, que
les membranes faiſant office de valvules ne laiſſent point ſortir par le haut de
la tige ; mais le ſuc qui ſort par l'autre
bout qui eſt reſté attaché à la teſte , eſt
jaune , par la raiſon que n'eſtant point

XXI.
dans les pa-
vots ,

rarefié il n'eft point écumeux, & que bien qu'il y ait quelque peu de fuc blanc meflé, à caufe que le fuc nourriffier peut fortir indifferemment, ainfi qu'il a efté dit, par tous les coftez, cela ne l'empefche pas de paroiftre jaune.

Quoy qu'il en foit, cette diverfité de couleurs fi differentes, ne fçauroit eftre qu'il n'y ait des fucs differens en une mefme tige, & que ces fucs eftant pouffez de hors de chaque cofté, n'ayent des mouvemens differens en mefme temps, l'un vers le bout, & l'autre vers le bas de la Plante : & ces mouvemens contraires ne fçauroient eftre entretenus fans un retour qui n'eft rien autre chofe que la Circulation dont il s'agit, qui eft le fondement de la vegetation dans les Plantes, de mefme qu'elle l'eft de ce que l'on appelle la faculté naturelle dans les animaux.

XXII.
dans l'écorce
des vieux
Chefnes.

DANS l'écorce de quelques vieux Chefnes on trouve un tiffu de filets femblable à la chevelure des racines : Il y a quelques-uns de ces filets qui font gros comme un fer d'éguillette, d'autres font plus déliez ; ils naiffent les uns des autres de mefme que les petits rameaux des veines & des arteres naiffent des autres rameaux qui font plus gros. Ces

filets qui font durs & folides font enfermez & recouverts par d'autres plus mol-
laffes, qui compofent une fubftance
fpongieufe & femblable à de la fillaffe.
Il y a apparence que les gros filets tiennent lieu d'arteres, & qu'ils fervent à
porter & à perfectionner le fuc qui monte pour la nourriture de l'arbre, & que
les autres filets qui compofent la partie
fpongieufe, reçoivent les reftes de la
nourriture dont ils font abbreuvez, &
qu'ils laiffent defcendre à la racine. Et il
eft croyable que de femblables filets font
dans la plufpart des écorces ; mais qu'ils
ne font faciles à voir qu'aux arbres dans
lefquels une longue vieilleffe ayant endurcy ces fibres, & pourry la partie
fpongieufe, rend ces deux differentes
parties plus aisées à diftinguer l'une de
l'autre, qu'elles ne font dans les écorces
des arbres moins vieux : de la mefme
maniere que dans quelques maladies, les
vaiffeaux deviennent quelquefois vifibles aux parties des animaux, qui ne l'é-
toient pas lors qu'elles eftoient faines ;
ainfi qu'il arrive aux yeux dans les opthalmies, & aux autres parties dans les
cancers, où l'on voit paroiftre des veines & des arteres, que le fang fait devenir groffes & apparentes, de déliées &
imperceptibles qu'elles eftoient.   Par la

mesme raison il y a lieu de croire que ce qui se voit dans les écorces des grands arbres, ne laisse pas d'estre dans les moindres, quoy qu'il n'y paroisse rien, à cause de la petitesse de ces filets, & de la confusion des parties qui paroissent homogenes, quoy qu'elles ne le soient pas.

XXIII. Experience pour faire voir distinctement le passage des differens sucs.

ON a pris un morceau d'un petit rameau d'Orme sans nœuds, environ de la longueur de trois pouces, & on luy a mis un entonnoir fait avec de la cire à chacun des bouts ; puis on a couppé le rameau en deux, & l'on a mis de l'eau dans les entonnoirs. Il est arrivé que l'eau a passé au travers du rameau à l'un des morceaux ; sçavoir, à celuy qui avoit l'entonnoir appliqué au bout qui regarde vers les branches, & elle n'est point passée à celuy qui avoit l'entonnoir au bout qui regarde la racine. Aprés cela au lieu d'eau on a mis dans les entonnoirs de l'esprit de vin, qui a distilé promptement par le morceau par où l'eau n'a pû passer ; & n'a passé que long-temps aprés par celuy qui avoit laissé couler l'eau. La mesme chose est arrivée à d'autres especes de bois, sur lesquelles on a fait la mesme experience, & l'eau a toûjours passé

avec facilité, selon la direction du haut
de la Plante vers le bout, qui eſt la direction du cours de l'humeur aqueuſe
qui retourne à la racine : & au contraire,
l'eſprit de vin, qui a quelque analogie
avec l'humeur volatile & ſulphurée qui
monte pour la nourriture de la Plante,
a paſsé avec plus de facilité ſelon la direction de bas en haut.

Cette theorie pourroit eſtre de quelque
utilité, & fonder un precepte pour les
Charpentiers, qui ſeroit de mettre les
poteaux & les autres pieces de bois qui
doivent eſtre debout, en une ſituation
contraire à celle que les arbres ont naturellement ; afin de faire que l'eau qui
peut tomber ſur les ouvrages décou-
verts, ne penetraſt pas avec tant de facilité dans les pores du bois.

QUAND on a tordu la queuë d'une
grappe de Raiſin, la laiſſant attachée
au ſept ; l'experience fait voir que cette
grappe paroiſt meurir bien pluſtoſt que
les autres qui ſont ſur le meſme cept.
Cette experience ſemble équivoque à
l'abord, y ayant quelque ſujet de croire
qu'elle fait voir que la circulation n'eſt
pas neceſſaire à la nourriture des Plantes, & que c'eſt aſſez que la ſeve ſoit
une fois montée aux parties qui la cui-

XXIV.
Quoy que ce
qui empeſ-
che le retour
de la partie
inutile vers
la racine

n'empeſche
point la ma-
turation.

L v

sent, & qui l'assimilent tout d'un train.

Mais premierement il n'est pas vray que la queuë estant torduë, il ne vienne plus de nourriture à la grappe, & que les restes de la nourriture ne retournent pas à la racine ; la verité estant seulement, que le froissement des parties de la queuë, ayant corrompu en quelque façon la structure des conduits de la nourriture, ils ne donnent pas aux sucs qui vont & qui retournent, un passage aussi libre qu'il est à l'ordinaire : Et en effet, une grappe couppée ne se noircit & ne s'adoucit pas aussi manifestement que celle qui n'est que torduë.

En second lieu, quand mesme la contorsion de la queuë empescheroit absolument tout le commerce que la grappe peut avoir avec la racine, & qu'estant en cét état elle seroit capable de quelque maturité, il ne s'ensuivroit pas de là, que la circulation ne fust pas absolument necessaire à la nourriture des Plantes ; cette maturation estant une chose bien differente de la veritable nourriture, qui suppose un changement tres-parfait & tres-accomply, tel qu'est celuy de l'assimilation, pour lequel il faut des organes & des machines extraordinaires, & particulieres aux estres vivans : au lieu que la simple alteration

Cela ne prouve point que ce retour soit inutile,

qui conduit à la maturité , ne requiert ni organes qui enferment feparement des fucs differens , ni les influences , ni l'action d'aucune partie officiale , qui contienne un principe de vegetation neceffaire aux autres parties. Car la maturation du fuc des fruits , n'ayant pas, comme la coction du fuc qui doit nourrir la Plante , un rapport à l'affimilation , ni à l'accroiffement , ni à la generation ; mais feulement à un fimple adouciffement , il n'a point befoin d'aller chercher hors de luy les principes de cét adouciffement , non plus que le vin qui eft dans le tonneau , qui fe cuit , fe fermente & s'adoucit , independamment du tonneau.

C'eft ainfi que la plufpart des fruits que l'on garde l'Hyver , s'adouciffent & perdent la verdeur , l'afpreté & la dureté fauvage qu'ils ont fur l'arbre : car non feulement le commerce que le fruit peut avoir avec l'arbre , n'eft pas neceffaire à cette maturité, ainfi qu'il paroift, puis qu'elle leur arrive en eftant feparez ; mais il y a mefme apparence que cette communication y nuit ; par la raifon que l'arbre fourniffant toûjours de nouveau fuc au fruit , ce fuc qui eft cuit & differ̃ement preparé pour la nourriture , eft effectivement crud à l'égard de la matu-

ration qui luy adjouſte une nouvelle preparation par le mélange des parties utiles les unes avec les autres, & par l'é-
vacuation que la tranſpiration fait des
inutiles, qui ſont des moyens de donner
au ſuc qui meurit, une douceur qu'il
n'avoit pas quand il eſt monté de la
racine.

Cette reflexion ſur la maturation des
fruits ſeparez de l'arbre m'a autrefois
donné lieu de penſer à une nouvelle maniere de faire les decoctions des Plantes,
que j'ay enſuite reconnu par experience
n'eſtre pas de peu d'importance, quoy
qu'elle ne conſiſte qu'à peu de choſe : car
elle fait que les ſucs qui ſortent de la
Plante & paſſent dans l'eau, où elles
boüillent, ſont cuits & preparez d'une
maniere plus parfaite qu'ils ne ſont par
la maniere ordinaire de faire les decoctions, où il ſe trouve toûjours qu'une
bonne partie des ſucs extraits par l'elixation, demeure neceſſairement cruë, &
telle qu'elle eſtoit dans la Plante ; ſçavoir, la partie extraite qui eſt la derniere,
& qui n'a pas eu le temps d'eſtre parfaitement cuite par l'elixation ; parce qu'il
eſt certain que tant que les Plantes demeurent dans l'eau boüillante, il en
ſort toûjours quelque choſe. Or pour
remedier à cét inconvenient, il n'y a

qu'à oster la Plante de dedans l'eau lors qu'elle y a laissé sortir assez de suc, & continuer à faire boüillir la decoction seule, afin de faire cuire la partie du suc, qui ayant esté extraite la derniere, est encore cruë : Car c'est cette partie cruë qui rend les decoctions fades, pesantes à l'estomach, & sujettes à engendrer des vents ; de mesme que le suc nourrissier qui est dans les fruits d'Hyver, dans le temps qu'on les cueille, est ce qui les rend desagreables au goust & nuisibles à l'estomach ; & la maturité qu'ils reçoivent ensuite leur arrive, parce que l'on empesche en les separant de l'arbre, qu'il ne leur vienne toûjours de nouveau suc, qui a besoin d'un long-temps pour estre cuit & perfectionné.

Au reste il ne faut point conclure que la nourriture ni les autres fonctions de la faculté naturelle des Plantes, soient differentes de celles des animaux, quand mesme quelques-unes de leurs parties les exerceroient estant separées de la racine, ainsi que l'on pretend qu'il se fait dans la grappe dont la queuë a esté torduë, puisque la mesme chose se remarque dans les parties des animaux. Nous avons vû la teste d'une Tortuë un quart d'heure aprés avoir esté separée du corps faire clacquer ses machoires com-

ni que la vegetation des animaux soit differente de celle des Plantes.

me des castagnettes ; & une Vipere demie heure aprés que la teste , la peau &
toutes les entrailles luy avoient esté
ostées , marcher fort long-temps en
rampant de la mesme maniere qu'elle
faisoit estant entiere.

XXV.
Experience
Analogique,

POUR donner une idée par analogie
de quelle maniere les differéns . sucs
montent dans les Plantes , & comment
les utiles sont retenus lorsque les inutiles retournent à la racine ; on a fait
distiler des feüilles de Romarin & des
autres Plantes , dans la distillation desquelles l'huile ou l'essence monte en
mesme temps que l'eau ou le phlegme.
L'alambic estoit disposé de sorte que le
bec estoit remply d'éponge moüillée du
phlegme de ces Plantes , & le rebord
garny d'autres éponges abbreuvées de
leur essence. Il est arrivé que le phlegme & l'huyle estant montées ensemble
lorsque la vapeur s'est condensée dans
l'alambic, l'eau est descenduë toute pure
par le bec, au travers de l'éponge moüillée , & l'huyle est demeurée dans le bord
de l'alambic , & est entrée dans l'éponge
qui avoit déja esté imbuë d'huyle.

pour expli-
quer le sy-
steme dont
il s'agit , par
des faits
sensibles.

Cette experience fait voir distinctement
& à l'œil , de quelle maniere toute la
seve monte dans les Plantes allant de la

racine , & s'épendant par tout jufqu'au haut des branches ; & comment enfuite une partie demeure pour la nourriture de la Plante , & l'autre retourne à la racine : Car la vapeur qui contient l'eau & l'huyle reprefente la feve qui monte , compofée de deux parties ; fçavoir , de celle qui eft cuite reprefentée par l'huyle , & de celle qui eft encore cruë reprefentée par l'eau. L'éponge imbuë d'huyle, qui boit & qui reçoit la partie huyleufe , reprefente l'action des parties de la Plante. difposées à recevoir la portion nourriffiere de la feve ; & l'éponge abbreuvée d'eau fait un effet femblable à celuy que produit la partie de l'écorce ou du bois , qui eft difposée à recevoir la portion cruë & aqueufe de la feve , & qu'elle laiffe defcendre à la racine.

TROISIE'ME PARTIE

Contenant des Remarques sur les Principes proposez dans la premiere Partie.

Texte I.

“PAGE 179. Car de mesme que les eaux
“de la pluye descendent dans la terre
“pour y laisser ce qu'elles ont contracté
“de gras & de propre à nourrir dans la
“moyenne region de l'air, & qu'elles en
“ressortent maigres & steriles, lors qu'el-
“les s'en élevent en vapeur : tout de mes-
“me l'humidité des Plantes, &c. •

Remarque sur ce texte.

C'EST un probléme à resoudre. Si l'eau, qui estant rarefiée par la chaleur soit superieure du Soleil, soit inferieure & centrale de la terre, s'éleve parmi l'air, & retombe en pluye par le froid de l'air qui la condense, est plus impreignée de ce sel volatile, gras & sulphuré, qui rend la terre feconde, lors qu'elle descend en pluye, que quand elle monte en vapeur.

Il est plus vray semblable que ce sel gras & sulphuré, se forme dans la terre que dans l'air, & que c'est de la terre que l'eau le reçoit ; ce sel estant toûjours accompagné de quelque terrestreité, qui luy donne la disposition à devenir concret, & à avoir la forme de sel, ce mélange terrestre se peut mieux faire dans la terre que dans l'air. La Rosée qui en sortant de la terre se condense dans le concave des vaisseaux creux renversez, se trouve plus impreignée de ce sel volatile, que les humiditez de l'air qui se condensent sur le dehors convexe de ces vaisseaux, & que la pluye qui vient de plus haut. Ce que les pluyes ont de ce sel, s'y estoit conservé en leur élevation vaporeuse, & elles le rendent à la terre où elles l'avoient pris.

La seve qui est supposée circuler dans les Plantes, monte par les racines dans le tronc, les branches & les autres parties; & si elle retourne vers la racine, elle n'y rapporte pas tout le sel dont elle estoit impreignée, & que la terre luy avoit communiqué.

La comparaison de la circulation de la seve des Plantes à celle de l'eau qui monte en l'air & retombe en terre, n'est donc pas bien juste; pour l'adjuster mieux il faudroit demontrer que l'eau qui s'éleve de la terre en vapeur, reçoit de l'air le sel qui la rend propre à feconder les champs où elle retombe en pluye, afin d'attribuer à l'air un office auquel celuy de la racine des Plantes pust avoir du rapport. Mais il n'est pas facile de trouver dans l'air d'autre ma-

tiere propre à rendre les pluyes capables de feconder les terres, que celle
que cette eau a prise dans la terre avant
son élevation en l'air, & qui est un sel
sulphuré tres-volatile, semblable à celuy des marnes & des fumiers, dont les
terres sont amandées, abonnies & en-
graissées quand elles sont infertiles.

Il suffiroit de comparer la circulation
de la seve des Plantes à celle du sang ou
suc nourrissier des animaux, dont les
raisons sont mieux connuës, que celle
de l'eau des pluyes.

La connoissance de l'usage & de la fin
de la circulation du sang dans les animaux, peut servir à fonder avec raison
la conjecture de la circulation de la seve
dans les Plantes. On peut raisonnablement supposer que le sang qui passe du
cœur par les arteres dans tous les membres de l'animal, & retourne incessamment au cœur par les veines, y doit faire ce retour continuel pour quelque fin
qui ne peut souffrir l'interruption de ce
mouvement ; cette fin ne peut estre celle
de la seule nourriture des membres, par
l'apposition & l'assimilation d'une partie de ce sang. Ce qui ne seroit point
encore converty en nourriture seroit
superflu en prenant de nouveaux alimens, s'il n'estoit reservé à quelqu'autre

uſage. L'eſprit de la vie que le cœur communique à tout le corps, eſtant plus ſubtil que le ſuc nourriſſier des parties, eſt plus ſujet à la diſſipation, & doit eſtre pluſtoſt reparé, par un perpetuel écoulement de celuy du cœur dans les autres membres; & le ſang luy pouvant ſervir de vehricule, le va prendre au cœur comme en ſa ſource, & porte par tout le corps cette chaleur vivifique avec l'humeur alimentaire, qui ne ſuffiroit pas ſeule pour l'entretien de la vie. Cette ſeconde fin ſemble eſtre la principale, & celle qui fonde mieux la neceſſité de la circulation du ſang dans les animaux.

Les Plantes qui ſont à leur maniere doüées de la vie, n'ont pas ſeulement beſoin d'eſtre nourries pour croiſtre & ſubſiſter; mais cette ſubſtance plus ſub-tile, qui eſt la baſe de leur vie, eſtant auſſi-bien que celle des animaux dans un écoulement continuel, qui ſe manifeſte aſſez par leur prompte flétriſſure eſtant arrachées de la terre, doit pareillement eſtre inceſſamment reparée, & le pou-vant eſtre par la circulation de la ſeve, on a ſujet de ſuppoſer cette circulation pour des fins pareilles à celle de la cir-culation du ſang dans les animaux.

PAGE 180, Et il y a grande appa- Texte I I.

» parence qu'il faille suppoſer uné faculté
» alteratrice officiale & commune dans la
» racine des Plantes, & qu'elle y ſoit neceſ-
» ſaire meſme avec plus de raiſon qu'elle
» n'eſt dans le cœur des animaux, &c.

Remarque
ſur ce texte.

CETTE faculté alteratrice, officiale
& commune que l'on ſuppoſe dans les
Plantes qui germent, vegetent & ſubſiſtent vivantes à leur maniere pendant
leur attache à la terre, ne peut eſtre autre que celle qui les vivifie en toutes
leurs parties. Elle eſtoit dans la ſemence avant la germination, & en la germination elle s'eſt expliquée & étenduë
en meſme temps dans les deux parties du
germe, qui ſont le tronc, lequel paroiſt
le premier avec deux petites feüilles, &
la racine qui ſort enſuite pour s'attacher
à la terre. Cette faculté eſt donc commune à toute la Plante, & reſide en toutes les parties, à chacune deſquelles elle
imprime le caractere qui luy convient.
Ce que la racine a de particulier eſt
qu'elle eſt comme la bouche, l'eſtomach, les inteſtins & les conduits lactées, par où paſſe l'aliment de la Plante, & où il reçoit les premieres diſpoſitions pour la nourriture. C'eſt par la racine que l'eſprit vivifique de la terre
s'inſinuë avec l'eau dans toute la Plante

pour fomenter l'efprit fpecifique qui la
vivifie ; & c'eft pour la recevoir que la
feve des branches & du tronc, circule &
retourne vers la racine, qui ne fait
point dans les Plantes un office pareil à
celuy du cœur dans les animaux ; les
parties organiques des unes, n'ayant
point de jufte rapport à celles des autres,
ni en conformation, ni en ufage propres ; mais feulement analogiques. En
quelques Plantes la moüelle du tronc &
des branches, a une fonction proportionnée à celle du cœur des animaux ; &
on luy donne le nom de cœur, & en
d'autres c'eft la matiere plus folide qui
environne cette moüelle,& que l'écorce
couvre pour conferver fa feve : en d'autres c'eft l'écorce mefme où refide la vie.
C'eft en ces parties que la vie de la Plante fe conferve quand elles font faines,
& fe détruit quand elles font offencées.

La fin de la circulation de la feve dans
les Plantes, & celle du fang dans les
animaux font pareilles, fi c'eft comme
je penfe pour l'entretien de l'efprit vivifique des unes & des autres, par la reception & voiture continuelle d'une
fubftance fymbolique, capable de le
fomenter. Cét efprit vivifique reçû
d'ailleurs n'a pas befoin dans les Plantes
de preparations pareilles qui fe

font dans les animaux, aussi les organes
de ces preparations n'ont-ils point de
ressemblance, quoy qu'il puisse y avoir
quelque rapport entre les premiers organes par où l'esprit externe vivifique
est reçû avec l'aliment, par le reste du
suc nourrissier qui circule pour l'aller
prendre. La racine de la Plante peut
estre comparée à la bouche de l'animal:
car c'est par l'une & par l'autre que cét
esprit est reçû ; mais le suc qui luy sert
de vehricule, & qui entre avec luy,
souffre plusieurs alterations dans l'estomach & dans les intestins des animaux,
avant que d'estre admis au cœur pour y
fomenter l'esprit specifique de la vie,
où le sang retourne pour le prendre, &
le distribuer par tout le corps, sans
l'aller chercher jusques dans l'estomach
& à la bouche, comme fait la seve dans
les Plantes, qui va reprendre dans la
racine qui sert de bouche & d'estomach,
le suc de la terre impreignée de l'esprit
vivifique, qui est necessaire au soustien
de leur vie, & qui n'a pas besoin de
preparations si exquises, ni d'autres
organes pour estre davantage élabouré
& rendu plus propre à fomenter celuy
des Plantes, dont la nature est moins
éloignée de celle de l'esprit vivifique de
la terre, que l'esprit specifique des

animaux ne l'eft de l'efprit vivifique de leurs alimens, dans leſquels cét efprit eſt déterminé par d'autres ſpecifications, qui doivent eſtre changées par des preparations plus grandes & plus exactes.

P A G E 186. La diſtribution de la nourriture dans les animaux parfaits, ſe fait par une forte d'impulſion qui ne ſe rencontre pas dans les Plantes, où l'on ne trouve point de partie qui comme le cœur, ait une contraction puiſſante, par le moyen de laquelle le ſuc nourriſſier ſoit pouſſé avec violence juſques aux extremitez des parties vivantes; mais la nature a ſuppleé à ce défaut dans les Plantes, en les rendant fléxibles, afin qu'eſtant agitées par les vents, les ſucs contenus dans leurs pores, ſoient comprimés par les differentes fléxions que les branches ſouffrent, &c.

A Y A N T admis une faculté alteratrice, officiale & commune dans la racine des Plantes, l'on peut bien admettre une faculté expultrice dans les branches & dans le tronc, pour renvoyer le ſuperflu de leur ſeve dans les racines : les branches n'eſtant pas toûjours agitées par les vents la circulation ceſſeroit quand il ne ſe feroit plus d'agitation, &

ne se feroit plus dans les Saules & dans les Ormes dont on auroit couppé toutes les branches, & qui n'auroient plus qu'un tronc immobile. La contraction du cœur dans les animaux, suppose une faculté contractive dans un sujet mobile & disposé à cette action. Car en la mort le mouvement de contraction cesse au cœur sans aucune alteration de sa disposition organique; c'est donc ce qui donnoit la vie qui faisoit ce mouvement. La circulation ne se fait aussi dans les Plantes que pendant qu'elles sont doüées de la vie à leur maniere, & cette vie ne dépend pas des seuls organes.

Texte I V.

PAGE 188. Pour concevoir de quelle
„ maniere la distribution de la nourriture
„ se fait dans les Plantes, il faut supposer
„ que tout ce qui est icy-bas, estant serré
„ & pressé par la pesanteur de l'air, est
„ toûjours prest à se remuer vers l'endroit
„ où ce qui resiste à son mouvement vient
„ à ceder & à luy faire une place, dans
„ laquelle il est incontinent poussé par
„ cette puissance de l'air : de sorte que
„ l'on peut entendre que le mouvement &
„ le transport de la seve des Plantes, se
„ fait en cette maniere.

CE mouvement excité par le poids de
l'air,

l'air, peut bien faire une circulation
generale de tout ce qui luy peut ceder,
& en luy cedant conserver le pouvoir
de retourner en son lieu, ou d'y estre
repoussé ; mais cette maniere de circulation par le poids de l'air, n'est pas
facile à demontrer dans les Plantes. L'on
a observé que certaines herbes ont ve-
geté dans une bouteille de verre tres-
exactement bouchée, où il y avoit si
peu d'air, que son poids ne pouvoit oc-
casionner le mouvement circulaire qui
se faisoit en ces herbes vives & vege-
tantes, qui avec une poignée de terre,
où elles avoient esté produites, rem-
plissoient presque toute la bouteille.

Le poids de l'air estant soustenu par la
surface de la terre qui couvre la racine
de la Plante, ne peut estre si grand, que
celuy de l'air qui est sur les branches &
sur les feüilles d'une Plante bien touf-
fuë, & ce plus grand poids resisteroit
au moindre, & empescheroit la seve de
monter.

La rarefaction du suc de la terre peut
le faire entrer plus facilement dans la
racine de la Plante ; mais elle ne le peut
pousser dans les parties qui sont hors de
la terre, dont les pores ne sont pas si
propres à recevoir cette vapeur, qui est
l'air qui les environne, où ce suc vapo-

Tome I.   M

reux se peut plus librement étendre. Et ce qui seroit monté dans les parties de la Plante élevées sur la terre ne pourroit redescendre que par sa condensation, qui boucheroit les pores, & empescheroit la montée d'un autre suc, & feroit cesser la circulation.

Examen des Remarques faites par Monsieur du Clos sur le Traité de la Circulation de la seve des Plantes.

LA premiere Remarque contient deux parties. La premiere est sur ce que l'on a supposé que les eaux des pluyes engendrées des vapeurs de la terre, acquierent dans l'air une qualité feconde, qui n'estoit pas dans les vapeurs lors qu'elles sortent de la terre.

On dit contre cette supposition que les pluyes n'ont rien qui rende la terre feconde qu'un sel gras, volatile & sulphuré, qu'elles tiennent de la terre où ce sel a esté engendré, & d'où il a esté élevé par la chaleur centrale de la terre, & par celle du Soleil. La solution de cette difficulté est dans le texte du Traité, où il est dit que la chaleur du Soleil & l'agitation des vents qui separent & qui meslent les parties dont les vapeurs sont composées les cuisent, les

Comment la terre est renduë feconde par la pluye

perfectionnent ; & enfin les rendent capables de donner la fecondité à la terre.

Car ce texte ne dit pas que la terre ne
fournit point les sels sulphurez & volatiles, qui sont la matiere des vapeurs,
& ensuite des pluyes dont la terre est
renduë feconde ; il dit seulement que
ces sels sont alterez dans l'air. Et c'est
ce qui est fort bien prouvé dans la remarque par l'experience de la rosée, qui
estant amassée dans des cloches de verre,
par la reception des vapeurs élevées de
la terre est differente de la rosée formée
des mesmes vapeurs élevées plus haut
dans l'air ; puisqu'on peut dire que
cette difference ne vient que de ce que
les vapeurs ont esté perfectionnées dans
l'air par une exaltation de leurs qualitez qui rend en cét endroit leurs sels
enixes, d'embrionnez & d'informes
qu'ils estoient dans la terre ; pour parler
comme les Chymistes.

La sublimation des vapeurs de la terre
& leur descente en maniere de pluye
n'est donc pas seulement une simple circulation mechanique du suc de la terre,
telle que seroit celle qui se feroit par une
pompe ; mais c'est une circulation physique & faite pour perfectionner ce qui
est circulé ; & par cette raison elle a un
rapport particulier avec la circulation

des sucs dont la vie de tous les estres vivans est entretenuë : Car de mesme que
chaque particule vivante , aprés avoir
pris ce qui luy est propre , renvoye le
reste pour estre cuit & perfectionné
dans une partie destinée à cet office ; qui
aprés avoir agi sur ces restes par sa chaleur & par son mouvement , les renvoye
à chaque particule avec les qualitez necessaires à l'entretenement de leur vie :
de la mesme maniere la terre aprés avoir
consumé ce que les pluyes luy avoient
apporté de nourrissier , laisse remonter
en vapeur ce suc dépoüillé de ses qualitez fecondes , afin qu'il les reprenne
dans l'air , de la mesme maniere que le
sang reprend dans le cœur ses qualitez
vivifiantes & alimentaires qu'il avoit
laissées dans les parties qui en ont esté
nourries & vivifiées.

Et il est aisé d'entendre que la chaleur
feconde du Soleil & l'agitation salutaire
des vents , n'est pas absolument ce qui
produit les sels volatiles & sulphurez qui
sont dans la pluye , mais c'est ce qui fait
que ces sels qui sortent de la terre infeconds & inutiles , acquierent cette qualité feconde par l'action du Soleil & des
vents : de mesme que le cœur dans les
animaux ne fait pas que le sang qui luy
est rapporté par les veines soit sang , puis

dans laquel-
le le Soleil
perfectionne
les sels vola-
tiles qu'elle
a pris de la
terre.

qu'il ne luy communique mesme aucune ſubſtance ; mais il fait qu'il eſt un ſang vivifiant & capable de nourrir.

La ſeconde partie de la premiere Remarque eſt une diſtinction que l'on fait des fonctions du cœur, dont l'une eſt pour la preparation de la nourriture, l'autre pour la confection de l'eſprit de vie ; & l'on pretend que la circulation du ſang eſt principalement faite pour la diſtribution de cét eſprit de vie, auquel le ſang doit ſervir de vehicule, & qui par cette raiſon doit revenir ſouvent au cœur, pour y prendre cét eſprit qu'il doit inceſſamment porter dans toutes les parties.

Mais cette diſtinction n'ayant point de realité, elle ne doit pas eſtre de grande conſideration dans le ſujet dont il s'agit : Car l'action par laquelle le cœur prepare la nourriture, & celle par laquelle il prepare l'eſprit vital, ne ſçauroient ni ſubſiſter, ni eſtre entenduës l'une ſans l'autre ; la nourriture n'eſtant jamais bien preparée ſi l'eſprit vital ne l'eſt ; & la diſſipation de l'un s'enſuivant de la conſumption de l'autre : de ſorte que les raiſons qui rendent la circulation neceſſaire ſe peuvent prendre également de la neceſſité de la nutrition, & de celle de la vivification ; & meſme l'on peut dire

» que la circulation doit eftre pluftoſt
» fondée fur la diftribution de la nourritu-
» re, que fur celle des efprits, puiſque
» la diftribution des efprits peut cftre fai-
» te fans circulation, ainſi qu'il ſe voit
dans la diftribution des efprits animaux;
& que la nutrition ne peut eftre commodement faite fans la circulation, ainfi
qu'il eft expliqué au commencement du
Traité.

Pourquoy les eftres vivans ont befoin de parties officiales.

I I.   Dans la feconde Remarque l'on
rejete la fuppofition que j'ay faite de la
neceffité d'une faculté alteratrice, officiale & commune dans la racine des
Plantes, qui ferve à preparer & perfectionner la nourriture pour eftre propre
à entretenir la vie de toutes les autres
parties; parce qu'on dit que la vertu vegetative eft également répanduë dans
toute la Plante.   On avoüe neanmoins
que la racine fait cét office commun,
puis qu'on la compare à l'eftomach des
animaux qui cuit la nourriture pour toutes les autres parties. Or fi toute la vertu vegetative eftoit épanduë également
par toute la Plante, l'action d'une partie officiale telle qu'eft l'eftomach feroit
tout-à-fait inutile, chaque particule
ayant la faculté de choifir, de preparer
& d'affimiler la nourriture : ce qui eft
tout-à-fait contraire au fyfteme des

eſtres vivans, qui different en cela des autres eſtres, qu'ils n'ont point cette correſpondance & cette union entre leurs parties, qui dépendent les unes des autres, & qui s'aident mutuellement, & conſpirent unanimement au bien du tout dans les vivans. Car lorſque les eſtres non vivans ſouffrent quelque changement par l'alteration & par l'augmentation de leur ſubſtance, comme quand les metaux ſe roüillent & que les pierres croiſſent ; bien que cela leur arrive comme aux animaux par un principe interne ; ſçavoir, par leur propre diſpoſition, qui fait qu'une partie du fer eſt changée en rouille par une eſpece de fermentation qui arrive aux ſels que cette partie contient, ou qu'une pierre croiſt en pouſſant dans la terre & dans l'eau qui la touche des eſprits petrifians : neanmoins ces effets quoy qu'ils ayent quelque analogie avec la vegetation des Plantes, en ſont differens en ce que chaque partie des eſtres non vivans a ſes facultez à part & independantes des autres parties qui luy ſont jointes : en ſorte qu'un morceau de fer ou de pierre ſeparé en pluſieurs pieces conſerve tout ſon eſtre dans chaque piece, au lieu que les parties des eſtres vivans n'exercent leurs fonctions que par le ſecours des

qui ne ſont pas neceſſaires aux autres.

autres parties ; mais principalement de
celles que l'on appelle Officiales ; parce
qu'elles ont comme la charge de pour-
voir aux autres , telle qu'est la racine
dans les Plantes , dont l'office n'est pas
de recevoir seulement & de prendre la
nourriture comme la bouche fait dans
les animaux , ainsi qu'il est dit dans la
remarque , mais de preparer les sucs &
les vivifier de la mesme maniere que le
cœur le fait ; c'est à dire , en recevant
non seulement les sucs qu'elle prend
dans la terre , mais aussi ceux qui des extremitez de la Plante retournent , pour
recevoir par la vertu de la racine les dif-
positions necessaires pour estre nourris-
sans & vivifians.

Car le principal office de la racine
n'est pas de recevoir le suc de la terre ;
puisque cét office luy est commun avec
toutes les autres parties de la Plante qui
boivent la pluye & la rosée , dont quelquefois tout le reste de la Plante se nourrit , aussi bien que des sucs que la racine succe de la terre ; & que mesme les
extremitez de la racine qui prennent les
sucs dans la terre , n'ont point cette
vertu officiale capable de les cuire & de
les vivifier à la maniere du cœur des
animaux. Il est donc necessaire d'établir en quelque endroit de la racine cet-

te partie noble & importante qui tient
lieu de cœur à toute la Plante, & cette
partie eft apparemment l'endroit par lequel le tronc de la Plante & la racine fe
joignent : car on voit que toutes les parties d'une Plante qui ont toutes, ainfi
qu'il a efté dit, une bouche pour recevoir la nourriture, & qui ont auffi, fi
l'on veut, toute la faculté vegetative,
ne fçauroient vegeter fans cette partie
de la racine, & qu'il faut que les parties feparées des Plantes qui prennent
de bouture, fe forment une racine avant
que de pouffer ; & qu'enfin les parties
mefme de la racine feparée de ce cœur,
qui eft proche du tronc, ne vegetent
point ; fi ce n'eft que cette racine foit de
la nature de celles qui ont plufieurs
nœuds, comme le Chiendent : car ces
fortes de racines ont autant de cœurs
que de nœuds, & elles font comme autant de Plantes diftinctes & feparables ;
les autres Plantes n'eftant pas feparables de la mefme façon, par la feule
raifon qu'elles n'ont pas plufieurs parties
qui puiffent faire les fonctions du cœur.

III. La troifiéme Remarque eft fur
ce que j'eftablis la fléxibilité qui fe rencontre dans la plufpart des Plantes, avec
l'agitation qu'elles reçoivent des vents
comme la caufe de l'impulfion & de la

La diftribu-
tion de la
nourriture
dans les
Plantes

diſtribution des ſucs qu'elles contiennent. L'on pretend que cette raiſon ne
doit point eſtre alleguée, parce qu'il y a
des Plantes, qui quoy qu'elles ne ſoient
point fléxibles, leur ſeve ne laiſſe pas
d'eſtre diſtribuée par le moyen d'une faculté expultrice, qui pouſſe les reſtes
de la nourriture vers la racine, & la
nourriture deuëment preparée vers les
parties qui en doivent eſtre nourries.

Je répond deux choſes à cette remarque. La premiere eſt, que je ne connois point d'autre faculté expultrice
que celle qui cauſe quelque compreſſion, & que ſuivant ce principe, il faut
neceſſairement conſiderer les Plantes
comme compreſſibles, & non rigides
comme les pierres & les métaux ; & il eſt
aiſé d'eſtre convaincu de l'uſage de cette
compreſſibilité pour l'expreſſion de la
ſeve, qui peut eſtre par pluſieurs cauſes capables d'agir ſur les parties compreſſibles des Plantes ; ſi l'on conſidere
ce qui leur arrive dans la machine du
vuide, où l'on voit que celles qui ſont
remplies de beaucoup de ſuc le laiſſent
couler lors qu'ayant pompé, & la compreſſion de l'air eſtant diminuée, le ſuc
ſe dilate & devient rare de condenſé
qu'il eſtoit : car cela fait juger que la
peſanteur de l'air agiſſant ſur les parties

eſt aidée par
leur com-
preſſibilité,

compreſſibles des Plantes, en exprime les ſucs, qui ſont contraints de couler vers les endroits qui luy peuvent faire quelque place ; par l'évacuation & par la conſumption de quelque partie de ce ſuc. Et ainſi la compreſſibilité des Plantes, eſt une cauſe paſſive de l'impulſion de la ſeve, de meſme que la peſanteur de l'air en eſt une cauſe active.

La ſeconde choſe que je répond eſt, que la compreſſion cauſée par le mouvement des Plantes agitées des vents, ou par d'autres puiſſances, eſt une autre cauſe active de l'impulſion de la ſeve, qui n'eſt pas à la verité continuelle comme la compreſſion de l'air ; parce que quelques accidents la peuvent interrompre, ainſi qu'il arrive quelquefois au mouvement du cœur dans les ſyncopes, & à quelques animaux dans certains temps, où ils ſont de longs eſpaces ſans que leur cœur ait de mouvement apparent ; mais cela n'empeſche pas que le mouvement de leur cœur ne ſoit la cauſe ordinaire de la diſtribution de leur ſang.

IV. La quatriéme remarques a deux parties. La premiere eſt contre la ſuppoſition que je fais que la peſanteur de l'air ſert à la diſtribution de la ſeve. La remarque contient deux argumens : le

M vj

& leur flexibilité :

Mais la cauſe principale eſt la peſanteur de l'air,

premier eſt fondé ſur l'experience qui a
eſté faite de la production & de l'accroiſſement de quelques Plantes dans une
bouteille de verre exactement bouchée,
où l'on avoit enfermé de la terre, &
l'on dit que le peu d'air qui eſtoit enfermé avec la terre ne pouvoit pas avoir de
peſanteur conſiderable ; mais la répon-
ſe eſt aiſée , parce que l'air enfermé
agit avec la meſme force pour comprimer que quand il a communication avec
l'autre air ; la raiſon eſt qu'eſtant com-
preſſible , & ayant reſſort, il agit ſuivant
la force de ſon reſſort qui eſt proportionnée à la peſanteur de l'air qui le
comprimoit lors qu'il a eſté enfermé ;
cela ſe prouve par l'experience des veſ-
ſies de carpes qui ſe crevent dans le vuide , par l'effort de l'air qu'elles contiennent , qui ſe dilate lorſque par le
pompement on luy a oſté l'air qui l'en-
vironnoit & qui le comprimoit.

Le ſecond argument eſt pris de la ſolidité que l'on attribuë à la terre , dont
les racines des Plantes ſont couvertes ;
& que l'on pretend devoir empeſcher
que l'air ne les comprime, comme il comprime les parties qui ſont hors de la terre. Mais on peut ſatisfaire à cette ſeconde objection par le meſme principe
qui a eſté employé pour répondre à la

premiere ; sçavoir, que l'air qui est
dans les pores de la terre, agit de la
mesme maniere sur les racines des Plantes, que celuy qui est dans la bouteille
fermée ; parce qu'il estoit comprimé de
la mesme maniere quand il y est passé ou
qu'il y a esté enfermé.

La seconde partie de la quatriême remarque est contre ce que je dis que l'introduction du suc que la terre contient
pour la nourriture des Plantes, se fait
par une fermentation qui arrive à ce suc
lors qu'il touche la racine, laquelle
contient naturellement un sel fermentatif de ce suc, & que cette fermentation cause une effervescence à ce suc,
qui le dilatant le force à chercher une
plus grande place pour se loger ; & ainsi
le fait entrer dans les pores de la racine.

On dit que ce suc ainsi rarefié n'est
point en état de pouvoir estre conduit
jusqu'aux extremitez de la Plante, parce
que cette rarefaction le rend trop subtil
pour ne se pas dissiper, & se perdre dans
l'air, par les pores de la Plante, aussi-
tost qu'il a passé de la racine dans le
tronc, & qu'il est hors de terre. Mais
je ne voy point qu'il y ait de necessité
aux sucs qui se fermentent, de devenir
si subtils qu'ils ne puissent estre retenus.
Les esprits qui s'engendrent dans le

corps des animaux, dont la subtilité est incomparable, ne laissent pas d'estre enfermez dans leurs conduits sans se dissiper ; & les sucs fermentez autour de la racine ne sont point de simples esprits, ni des vapeurs seulement ; ce sont des sucs spiritueux & vaporeux, ausquels la nature a eu soin de donner des vaisseaux capables de les retenir ; & cét ajustement de vaisseaux pourveus d'une solidité impenetrable au suc spiritueux qu'elle doit retenir, est ce qui fait qu'une Plante est ce qu'elle est.

Repliques de Monsieur du Clos à l'Examen de ses Remarques.

Texte de l'Examen.

L A chaleur du Soleil & l'agitation des vents, qui separent & meslent les
» parties dont les vapeurs sont composées,
» les cuisent, les perfectionnent, & en-
» fin les rendent capables de donner la
» fecondité à toute la terre. pag. 266.

1. Replique à ce texte.

La chaleur du Soleil n'est en l'air que par refléxion ; & partant elle y est plus foible que sur la terre, qui arreste les rayons du Soleil, & les fait refléchir en l'air. C'est par cette chaleur, plus grande sur la terre, que l'eau est rarefiée & reduite en vapeur ; la chaleur moindre en l'air, laisse épaissir cette vapeur en nuages, qui retombent en pluye : & c'est dans la terre plustost que dans l'air, que les sels prennent leur concretion, & se recuisent pour la rendre feconde.

Les vents qui ont quelque chaleur, n'en ont point tant que le terre d'où ils partent ; ceux qui se forment en l'air, sont toûjours froids comme l'air ; les uns & les autres peuvent par leur agitation attenuer, discontinuer, separer, mesler les vapeurs élevées de la terre ; mais ils ne rendent point leurs sels plus sulphurez & plus gras ; & c'est cette sulphureité produite par la chaleur, qui engraisse la terre : ce qui s'en éleve avec l'eau rarefiée, est poussé & écarté par les vents, pour estre ailleurs distribué, & pour l'entretien de la vie des animaux, qui respirent l'air meslé de cette vapeur impreignée de sel volatile.

La pluye n'engraisse point tant la terre, que les broüillards ; la rosée qui sort de la terre & s'éleve peu, est plus impreignée de sel que la pluye qui se condense en la moyenne region de l'air, & ce sel est plus sulphuré ; les pluyes des Equinoxes ont plus de ce sel que celles du solstice d'Esté, parce que c'est au temps des Equinoxes que l'humeur

de la terre eſt agitée, pour donner de
la ſeve aux Plantes, que l'on dit entrer
lors en ſeve ; & cette humeur eſtant plus
rarefiée au ſolſtice d'Eſté, que les cha-
leurs de l'air ſont plus grandes, n'eſt
point ſi capable quand elle retombe en
pluye, de rendre la terre feconde.

Le ſel qui s'éleve avec les vapeurs de
l'eau, ne reçoit point en l'air d'autre
perfection que celle que l'attenuation
& ſubtiliſation luy peut donner : ce qui
peut ſervir aux animaux qui reſpirent,
& ne ſert de rien à la terre qui ne devient
feconde par ce ſel ſulphuré, que lors
qu'il a aſſez de concretion pour demeurer uny avec elle.

La circulation de l'eau qui s'éleve en
vapeur, & qui retombe en pluye, a
ſes fins naturelles, qui peuvent n'avoir
aucun rapport à celle de la circulation
de la ſeve des Plantes & du ſang des
animaux. La fin pour laquelle on ſuppoſe que la circulation ſe fait naturellement dans les Plantes & dans les animaux, n'eſt pas aſſez évidente pour en
faire une comparaiſon bien juſte avec la
ſublimation des vapeurs de la terre & de
leur deſcente en maniere de pluye : Et il
n'eſt pas certain que toute circulation
phyſique ſe faſſe pour perfectionner ce
qui circule. Il peut eſtre que ce qui cir-

cule n'acquiere en foy aucune perfection par ce mouvement, fi la fin fe
rapporte à quel que autre fujet, comme
il eft vray femblable que la circulation
de l'eau fur la terre & en l'air fe faffe,
non pas pour rendre l'eau meilleure,
mais pour fervir à la terre, aux Plantes
& aux animaux.

L'eau tendant par fa pefanteur vers le
centre du globe terreftre, laifferoit les
Plantes plus élevées de la terre dans une
feichereffe qui les rendroit poudreufes
& fteriles.   Cette eau eft relevée par la
rarefaction qu'elle reçoit de la chaleur
tant centrale, que folaire, & en fe re-
condenfant par la froideur de l'air, elle
retombe en divers lieux qu'elle humecte
& remet en difpofition de conferver la
liaifon des particules terreftres, & en
eftat de faire germer & vegeter les Plantes; l'air temperé par le mélange de
cette eau rarefiée, devient propre à
conferver la vie des animaux, qui le
refpirent, & ces ufages font affez im-
portans pour établir la neceffité de cette
circulation de l'eau, quand l'eau n'en
recevroit en elle-mefme aucune perfection.

La feve peut circuler dans les Plantes pour d'autres fins, auffi bien que le
fang qui circule dans les animaux. Ces

fins peuvent eſtre rapportées à la perfection de la Plante & de l'animal en qui
elle ſe fait pluſtoſt qu'à ces ſucs qui ne
ſe perfectionnent point en eux-meſmes
par ce mouvement circulaire. Ce que
le ſang de l'animal prend au ventricule
gauche du cœur, & porte par les arteres dans tout le corps, ne rend pas ce
ſang plus parfait, puis qu'ayant laiſſé
dans les parties ce qu'il y avoit porté en
qualité de vehicule, il retourne par
les veines au ventricule droit du cœur,
tel qu'il eſtoit avant que de paſſer au
ventricule gauche, & dans les arteres.
La ſeve des Plantes peut avoir des fins
pareilles en ſa circulation, ſi elle ſe fait
de meſme, & ſervir ſeulement de vehicule à quelque matiere plus ſubtile &
plus neceſſaire à la fomentation de l'eſprit, par lequel elles ſubſiſtent vivantes
à leur maniere.

Le ſuc qui ſe trouve au bas des tiges
proche des racines & dans les racines
meſmes des Pavots & des Tithimales,
n'eſt pas coloré ni épais comme eſt celuy des parties ſuperieures de ces Plantes : ce qui fait juger que ce n'eſt pas
dans ces parties baſſes qu'il reçoit ſa perfection, & que c'eſt dans les ſuperieures qu'il la prend ; s'il en retourne quelque portion vers la racine, ce ne peut

eſtre pour y recevoir une plus grande digeſtion, ſi ce qui eſt en la racine eſt moins digeſte, c'eſt pluſtoſt pour ſervir de vehicule à quelque autre plus ſubtile matiere, dont toute la Plante a beſoin.

Les ſels qui ſortent de la terre infeconds & inutiles, eſtant élevez avec les vapeurs de l'eau, acquierent en l'air, par l'action du Soleil & des vents, cette qualité par laquelle ils rendent la terre feconde. pag. 268.

Texte de l'Examen.

Ce que les ſels acquierent en l'air n'eſt qu'un effet d'attenuation & ſubtiliſation & non de digeſtion perfective, qu'ils peuvent mieux recevoir dans la terre, qui eſt la matrice où ils ont eſté produits, & dans laquelle l'operation du Soleil eſt plus forte, où les vents inſinuez laiſſent le ſel qu'ils portoient avec eux, dont celuy de la terre eſt augmenté.

II.
Replique à ce texte.

L'action par laquelle le cœur prepare la nourriture, & celle par laquelle il prepare l'eſprit vital ne ſçauroient ni ſubſiſter, ni eſtre entenduës l'une ſans l'autre, la nourriture n'eſtant jamais bien preparée ſi l'eſprit vital ne

Texte de l'Examen.

» l'est ; & la dissipation de l'un s'ensuivant
» de la consumption de l'autre. pag. 269.

III.
Replique à
ce texte.

L'ANIMAL s'entretient vivant par
deux principes, l'un de subsistance,
l'autre d'action ; l'estre est pour l'operation, & l'operation suit l'estre. Le
corps vivifié, dans lequel se font les
operations vitales, subsiste par l'humidité radicale qui est conservée par le suc
nourrissier. Et l'esprit vivifiant qui opere en ce corps & y fait les fonctions qui
luy sont propres, est fomenté par le
chaud naturel. Ce chaud naturel &
cette humidité radicale, ne sont point
une mesme chose ; ce qui conserve l'un
est different de ce qui fomente l'autre.
Le sang & le chyle ont des canaux separez, & leur circulation est diverse,
pour des fins qui ne leur sont pas communes. Le sang est plein de sel volatile,
sulphuré, propre à fomenter la chaleur
naturelle, & mal-propre à nourrir. Les
Lions & les Tygres qui en sont avides,
ont beaucoup de vigueur & de feu ;
mais peu de graisse, peu de santé & de
vie. Le chyle est un suc plus temperé,
que la chaleur épaissit, & que les parties
du corps retiennent facilement, pour
l'entretien de cét humide radical, par
lequel elles subsistent en leur état natu-

rel. Le fel volatile du fang des arteres eft la matiere de ce chaud naturel qui fomente l'efprit de la vie ; ce fel volatile eft plus vaporable que le fuc nourriffier, & l'efprit qui en eft fait fe diffipe pluftoft, & doit eftre plus promptement reparé. C'eft pour cette reftauration que le fang des veines rentre dans le cœur, qui eft l'officine de cét efprit ; le refte du fuc nourriffier qui eft la lymphe, ne retourne au cœur par le canal thorachique & par la veine axillaire, que pour s'y mefler avec un nouveau chyle, & y reprendre un nouveau degré de coction pour eftre remis en état de nourrir les parties, où il eft renvoyé avec le chyle nouveau.

Ces deux actions du cœur peuvent donc fubfifter, & eftre entenduës l'une fans l'autre, puis qu'elles different réellement entre-elles. La coction du chylo dans le cœur par le mélange de l'efprit vital, fuppofe cét efprit en état de contribuer à cette action, & partant il doit eftre déja difpofé à cela, par une action precedente. La diffipation de l'efprit vital ne s'enfuit point de la confumption du chyle, fi ce fuc qui eft beaucoup moins fubtil que le fel volatile du fang, dont cét efprit eft fomenté, eft auffi moins vaporable. C'eft donc pour cette restauration de l'esprit vital que se fait en l'animal la circulation du sang.

Celle de la seve dans la Plante, peut avoir une fin pareille, & se faire pour reprendre en la racine cét esprit dont la terre est impreignée, & par lequel celuy qui vivifie la Plante & qui est plus vaporable que la seve, est fomenté.

La fin de la circulation de l'eau sur la terre & dans l'air, peut avoir quelque rapport à celle de la circulation de la seve dans les Plantes, & du sang dans les animaux, en ce que toutes ces circulations se font pour le bien des sujets en qui elles se continuent.

Texte de l'Examen.

L'ON peut dire que la circulation doit estre plustost fondée sur la distribution de la nourriture, que sur celle des esprits, puisque la distribution des esprits peut estre faite sans circulation. p. 270.

IV.
Replique à ce texte.

LA distribution se fait ou de ce qui est propre au distributeur, & qu'il a de soy, ou de ce qu'il acquiert & reçoit d'ailleurs. Si le cœur ne distribuoit aux autres parties du corps que ce qu'il a de soy, cette distribution ne pourroit durer long-temps ; s'il reçoit ce qu'il distribuë, sa distribution peut continuer autant que la reception. Cette distribution se faisant selon le besoin du sujet à qui elle est faite, & les parties du corps de l'animal ayant plus souvent besoin de ce qu'elles perdent pluftoft, & qui leur est le plus neceffaire, qui est l'esprit vital, de la presence & du mouvement duquel resulte la chaleur naturelle, c'est cét esprit vital que le cœur leur doit plus frequemment distribuer, & c'est à cette frequente distribution que le sang est minifterialement employé, comme vehicule, & pour laquelle il circule inceffamment. Le chyle qui se distribuë aux parties pour leur nourriture, & pour la conservation de leur humide radical, n'estant pas si toft confumé, est affez promptement & fuffisamment reparé par des alimens qui ne font pris qu'une ou deux fois le jour, & cette distribution se peut faire sans circulation. Ce qui circule de la lymphe peut avoir d'autres usages qui ne soient pas encore bien connus.

L'on rejette la suppofition de la neceffité d'une faculté alteratrice, officiale & commune dans la racine des Plantes, &c. pag. 270.

Texte de
l'Examen.
"<br>"

V.
Replique à
ce texte.

Au lieu de rejetter cette suppofition d'une faculté alteratrice dans la racine des Plantes, j'avois deffein d'étendre dans toutes les parties des Plantes une faculté capable de toutes les fonctions requifes, ne pouvant attribuer qu'un mouvement paffif à leur matiere, & ne jugeant pas qu'aucune caufe externe & accidentelle puft produire dans les Plantes des effets intrinfeques, effentiels, naturels & reglez. Les branches, les feüilles & les fruits d'un poirier anté fur le tronc d'un coignaffier, reçoivent des racines du coignaffier par ce tronc, la feve qui les nourrit ; mais ces parties du poirier ne reçoivent point des racines du coignaffier, la détermination de cette nourriture qui leur doit eftre apropriée & differer de celles des branches, des feüilles & des fruits du coignaffier; fi cette appropriation fe fait par une efpece de coction, cette coction doit eftre faite où fe fait l'appropriation:

—————
Texte de l'Examen.

JE ne reconnois point d'autre faculté expultrice que celle qui caufe quelque compreffion, &c. pag. 174.

—————
V I.
Replique à ce texte.

LA caufe de cette compreffion par laquelle la feve de la Plante eft repouffée des branches & du tronc vers la racine, en cette circulation que l'on fuppofe fe faire naturellement, doit eftre interne

&

& naturelle, & proceder du principe ve-
getatif de la Plante, auſſi-bien que cette
faculté officiale digeſtive que l'on dit
eſtre en la racine ; & les agitations externes n'y ſont pas neceſſairement requiſes.

Le poids de l'air dans lequel la Plante
vegete , comprime bien foiblement
toute la Plante , s'il n'empeſche pas
qu'une fleur tres-tendre & tres-delicate
ſe tienne droite ſans pancher ni eſtre forcée de tendre plus bas , il fait encore
beaucoup moins d'effort pour comprimer les branches & le tronc d'une Plante boiſſeuſe & dure ; de ſorte que par
cette compreſſion leur ſeve puiſſe eſtre
repouſſée vers la racine. Ce qui fait
monter la ſeve dans les Plantes , la peut
faire deſcendre & circuler , & cela me
ſemble ne ſe pouvoir faire naturellement , & continuer durant la vie de la
Plante , que par une cauſe interne &
naturelle.

Il ſe fait proche de la racine des Plantes une fermentation du ſuc de la terre , par un ſel fermentatif contenu dans
cette racine , & cette fermentation cauſe une efferveſcence , qui dilate ce ſuc ,
& le forçant à chercher une plus grande
place pour ſe loger , le fait entrer dans
les pores de la racine.

Texte de l'Examen.

Tome I.　　　　　　　　N

C E T T E fermentation eſt ſuppoſée
ſans preuve. Le ſel qui eſt dans la racine de la Plante eſt celuy meſme du ſuc
de la terre qui eſt entré dans cette racine, qui n'en a pû recevoir d'ailleurs, &
l'alteration qu'il peut y avoir reçûë, ne
le rend pas fermentatif & capable d'alterer celuy du ſuc de la terre qui en eſt
proche, & qui n'eſt pas encore entré dans
cette racine pour conſerver une efferveſcence qui le dilate. Toute fermentation ſe fait par l'action mutuelle de
deux ſels oppoſez : l'un acide, que l'on
nomme mercuriel à raiſon de ſa qualité
aeriene & froide ; l'autre acre & ſulphuré, de qualité chaude & ignée : du con-
traſte de ces differents ſels, reſulte l'efferveſcence qui eſt ſuivie du gonflement
& de la dilatation. Si cette dilatation
ſe faiſoit hors de la racine de la Plante,
le ſuc de la terre dilaté ou rarefié trou-
veroit dans la terre & dans l'air qui luy
eſt proche, aſſez de place pour ſe loger,
où il s'étendroit plus librement que dans
les pores de la racine, dans leſquels il
ne pourroit entrer que par beaucoup
plus de force, s'il n'y eſtoit attiré ; ſi la
fermentation ſe faiſoit dans la racine
meſme, ces ſucs dilatez reſortiroient
auſſi-toſt vers la terre, qu'ils monte-

roient dans le tronc, ou dans les tiges de la Plante, s'il n'y avoit des soupapes aux pores de la racine qui les empeschassent de sortir. Ce qui n'est pas facile à demontrer.

Réponse à la Replique faite par Monsieur du Clos à l'Examen de ses Remarques.

JE repete à chaque article le texte qui est le sujer de la Replique. La cha- «
leur du Soleil & l'agitation des vents qui «
separent & meslent les parties dont les «
vapeurs sont composées, les cuisent, «
les perfectionnent, & enfin les rendent «
capables de donner la fecondité à la «
terre. «

L A Replique est fondée sur l'équivoque du mot *Cuire*, que l'on n'a pas voulu prendre dans sa propre signification, quoy que le mot de *perfectionner* qui y est joint, oste tout sujet de croire que par cuire j'aye entendu échauffer puissamment, & que la coction pour laquelle un plus grand degré de chaleur est employé, soit la plus parfaite. Car supposé que le Soleil excite une chaleur plus acre sur la terre que dans l'air, & que cette forte chaleur produise les sels dans la terre, & les fasse élever dans l'air, pour four-

I.
Que les sels volatils qui sont dans l'eau de la pluye

nir une partie de la matiere des pluyes
dont la terre est feconde , cela n'empesche point q : ces sels soient digerez dans
l'air par une chaleur plus douce & plus
convenable à cette espece de coction :
de mesme que bien que l'alteration que
le sang arteriel reçoit dans le cerveau,
ne s'y fasse pas par une chaleur aussi
forte qu'est celle qui le cuit dans le
cœur ; elle ne laisse pas d'estre appellée
une coction , c'est à dire une perfection
qui resulte de la division & du mélange
de ses parties , qu'une modification particuliere de la chaleur naturelle opere
autrement dans le cerveau que dans le
cœur.

Mais comme la coction consiste principalement dans le mélange des parties
de ce qui se cuit , il estoit necessaire que
tous les differens sels qui font élevez des
divers endroits de la terre , fussent ramassez en un mesme lieu , tel qu'est la
moyenne region ; car il faut demeurer
d'accord que les sels qui sortent de la
terre , ne font pas seulement mineraux,
mais que ceux qui fournissent plus de
sulphurcité & plus de graisse aux pluyes
fecondes, font tirez des Plantes, tant
de celles qui font encore vivantes , que
de celles qui se font corrompuëes sur la
terre & dans le terre , & des vapeurs

d'une infinité d'animaux, qui y vivent
& qui y meurent inceſſamment : en ſorte
que de ces ſels & de ces ſoufres ramaſ-
ſez de differens endroits, meſlez enſemble, & digerez par un eſpace de temps;
la chaleur du Soleil & l'agitation des
vents compoſent, cuiſent & perfectionnent l'eau des pluyes, que l'on ſçait
eſtre tout-à-fait differente de celle des
puits qui n'a que les ſels mineraux de la
terre, & qui ne la rend pas feconde
quand elle en eſt arroſée, comme celle
des pluyes.

Si la roſée eſt plus ſulphurée que la
pluye, on peut douter ſi le ſoulphre
dont elle eſt chargée qui tient plus du
mineral que du vegetal, eſt auſſi fecond
que de celuy des pluyes : Car pour les
broüillards & les pluyes des Equinoxes,
il n'eſt point évident qu'ils ſoient d'autre nature que les autres pluyes.

On dit que la circulation de l'eau qui
s'éleve en vapeur & retombe en pluye,
peut avoir d'autres uſages que la vegetation des Plantes. J'en demeure d'accord ; mais il n'y a point d'inconvenient
qu'une meſme choſe puiſſe ſervir à pluſieurs fins.

Quand on accorderoit auſſi que la circulation du ſang des animaux ſerviroit à
d'autres uſages qu'à celuy de preparer

& de perfectionner la matiere de la nourriture dans le cœur, tel qu'eſt celuy de porter à toutes les parties un eſprit vivifiant, cela ne changeroit point le ſyſteme que j'établis de la circulation; puis qu'il eſt indifferent que ce qui revient au cœur y reçoive le caractere d'eſprit vital ou celuy de ſuc nourriſſier, pour faire qu'il ſoit toûjours vray que la fin de la circulation eſt de donner quelque perfection aux liqueurs circulées.

Il ne m'importe auſſi qu'on diſe ſi l'on veut que le ſang arteriel ſert de vehicule à ce qui a eſté perfectionné dans le cœur, pour le diſtribuer aux parties, pourvû qu'on demeure d'accord qu'il leur porte tout enſemble & les eſprits vivifians, & la nourriture, qui ſont peut-eſtre la meſme choſe.

Si le ſuc qui ſort du tronc de quelques Plantes couppées proche de la racine, eſt plus crud & plus aqueux, que celuy qui ſort de l'extremité des branches, cela peut arriver par des accidens particuliers qui ne font point de conſequence au ſyſteme general : par exemple, il ſe peut faire que ces ſortes de Plantes n'ont pas les conduits qui portent les ſucs aqueux à la racine, garnis de valvules qui empeſchent ſon retour en haut : ce qui fait que ce ſuc aqueux s'amaſſant en plus grande quantité vers les parties inferieures, à caufe de fa pefanteur ; il en fort auffi en plus grande abondance quand on couppe la Plante vers le bas.

Les fels qui fortent de la terre infeconde & inutile eftant élevez avec les vapeurs de l'eau acquierent en l'air par l'action du Soleil & des vents cette qualité par laquelle ils rendent la terre feconde.

L'eau des puits qui eft chargée de tous les fels qui s'engendrent & fe digerent dans la terre , & qui cependant ne peut rendre la terre feconde , fait voir que la terre qui eft , comme on dit , la matrice des fels fulphurez qui fervent à la vegetation des Plantes , n'eft pas le lieu propre à cette digeftion dont ils ont befoin pour cela.

I I.
Cette perfection eft encore moins dans la terre.

L'action par laquelle le cœur prepare la nourriture & celle par laquelle il prepare l'efprit vital , ne fçauroient ni fubfifter , ni eftre entenduës l'une fans l'autre ; la nourriture n'eftant jamais bien preparée , fi l'efprit vital ne l'eft , & la diffipation de l'un s'enfuivant de la confumprion de l'autre.

N iiij

La premiere & la plus importante des actions vitales est la nutrition , parce que c'est elle qui entretient l'animal en son état naturel , c'est à dire dans la perfection de son estre qui comprend la capacité d'exercer toutes ses fonctions. Or la nutrition n'est point nutrition si elle ne fournit ce qui est necessaire à l'entretenement de l'humide radical , & à la fomentation du chaud naturel ; ces substances n'estant que la mesme chose , & qui ne s'énoncent mesme que par les noms concrets d'humide & de chaud , & non de chaleur & d'humidité : en sorte que la notion que tout le monde a de l'humide radical & du chaud naturel, est bien contraire à celle qu'il faut avoir pour concevoir que l'un soit entretenu par le chyle , & l'autre par le sang , suivant le systeme proposé dans cét article de la Replique ; & d'ailleurs les raisons qui établissent ce systeme, ne semblent ni vrayes , ni concluantes.

Ces raisons sont premierement que les parties ne se nourrissent que du chyle. Secondement, que le suc volatile & sulphuré dont le sang abonde , n'est pas propre à nourrir. Troisiémement , que les Lions & les Tygres ont beaucoup de vigueur , parce qu'ils boivent le sang

des animaux. Quatriémemement, que le
refte du fuc nourriffier eft la lymphe. Et
en cinquiéme lieu, que l'efprit vital eft
dans le cœur avant que le fang y foit
reçû.

Car 1°. Si les parties ne fe nourriffoient que de chyle, les animaux qui
meurent de faim ne fe trouveroient pas
vuides de fang, & ceux qui mangeut
beaucoup en creveroient neceffairement. 2°. Si le fel volatil & fulphuré
eftoit mal-propre à la nourriture, le
fumier & le nitre d'Egipte ñe feroient
pas bons à faire croiftre les Plantes ; &
les alimens odorans & favoureux ne feroient pas les plus nourriffans. 3°. Si la
vigueur des Tigres & des Lions venoit
de ce qu'en beuvant le fang des animaux
ils ne boivent que l'efprit vital & fon
vehicule, il faudroit que ce que les Tigres & les Lions boivent, & que l'on
appelle fang, ne contint pas auffi la
matiere de la nourriture avec les efprits
vitaux comme il fait. 4o. S'il ne retournoit point au cœur d'autre refte du fuc
nourriffier que la lymphe, & que le
chyle ne repaffaft pas plufieurs fois dans
le cœur, il s'enfuivroit que le cœur n'a-
giroit fur le chyle qu'un moment, c'eft
à dire que le chyle ne recevroit aucun
avantage de fon paffage dans le cœur,

N v

& qu'en tres-peu de temps ; sçavoir ;
pendant que la circulation se fait , tout
le chyle seroit porté dans les parties ,
dans lesquelles estant reçû , il faudroit
ou qu'il fust assimilé en un instant , ou
qu'il y demeurast quelque temps. Or si
tout le chyle estoit assimilé en un instant,
tous ceux qui sont long-temps sans man-
ger souffriroient de grands changemens;
& seroient bien plus differens d'eux-
mesmes qu'ils ne paroissent ; & si tout le
chyle s'amassoit à la fois , & estoit retenu dans les parties , on les sentiroit
enfler dans cét instant. 5°. Enfin supposé que la substance du cœur soit remplie
d'un esprit vital avant que le sang y soit
reçû , & que cét esprit demeure dans le
cœur aprés que celuy qui a esté engendré
dans le sang se dissipe lorsque le sang est
consumé , il ne s'ensuit point qu'il soit
faux de dire que l'esprit vital se dissipe
lorsque le sang est consumé : Car quand
on dit que le sang se consume , l'esprit
se dissipe , on ne pretend pas faire entendre que tout l'esprit vital qui est dans
le corps , se dissipe ; mais seulement celuy qui est dans le sang.

» L'o n peut dire que la circulation doit
» estre plustost fondée sur la distribution de
» la nourriture , que sur celle des esprits ;

puisque la distribution des esprits peut estre faite sans circulation.

LA preuve de ce texte est que supposé que la distribution des esprits fust distincte de celle de la nourriture, on pourroit dire que la circulation seroit plus necessaire à la distribution de la nourriture qu'à celle des esprits. Premierement, parce qu'il y a des esprits, tels que sont les esprits animaux, qui se distribuent sans circulation. En second lieu, il faut considerer que la distribution des esprits, de mesme que celle de la nourriture, doit estre proportionnée à leur dissipation. Or la dissipation de la nourriture & celle des esprits, different l'une de l'autre, en ce que les esprits se dissipent entierement, & la nourriture ne se dissipe qu'en partie : en sorte qu'il ne retourne rien au cœur des esprits qu'il a envoyez aux parties, & qu'il y retourne une partie de la nourriture qui a esté consumée : & c'est ce retour qu'on appelle Circulation.

ON rejette la supposition de la necessité d'une faculté alteratrice, officiale & commune dans la racine des Plantes.

ON ne veut point admettre cette fa-

I V. Que dans les animaux la circulation se fait des humeurs, & non des esprits.

V. Que la fa-

culté alteratrice, officiale & communé
dans la racine, parce qu'on tient que
chaque partie de la Plante a sa faculté
alteratrice qui détermine l'assimilation
qui s'y fait, & que ce n'est point la racine
qui fait que la nourriture qu'elle envoye ; par exemple, aux branches d'un
poirier anté sur un coignassier, y produit
les feüilles & les fruits d'un poirier ;
puisque cette racine est celle d'un coignassier.

Mais quoy qu'on demeure d'accord de
tout cela, il ne s'en ensuit point que la
racine ne soit une partie officiale, parce
que la fonction d'une partie officiale
n'est pas de faire l'assimilation, mais
de fournir pour l'assimilation une matiere convenable & düëment preparée. Et
il est mesme de l'essence d'une faculté
officiale, d'estre commune à plusieurs
autres parties ; & c'est ainsi que le cœur
est dit avoir une faculté officiale, lors
qu'il prepare les esprits vitaux, qui sont
tous d'une mesme espece, & que chaque partie qui les reçoit les détermine
par le ministere de ces esprits à exercer
les differentes fonctions dont elles sont
capables par leur vertu particuliere :
Ainsi la racine du coignassier prepare
une nourriture propre à toutes les parties d'un arbre de son genre, tel qu'est

un poirier : en forte que cette nourriture ne feroit pas propre aux parties d'un noyer, ni mefme d'un poirier, dont les fruits meuriffent au commencement de l'Efté : mais il n'eft point neceffaire qu'elle prepare cette nourriture de telle maniere, qu'elle n'ait plus befoin de la perfection & du dernier charaftere qu'elle doit recevoir dans les branches, dans les feüilles & dans les fruits.

Je ne connois point d'autre faculté expultrice que celle qui caufe quelque compreffion.

Quand je parle de la caufe de la compreffion ; je ne détermine point fi elle eft interne ou externe ; & quand j'admets dans les Plantes une caufe externe de compreffion qui aide celle qui fe fait par un principe interne, je ne le fais que pour montrer que les Plantes font en cela femblables aux animaux, dans lefquels la compreffion externe de l'air aide à la compreffion qui fe fait au dedans, par un principe interne : Car quand la chair & le fang entrent & s'élevent dans les ventoufes, chacun fçait que cela n'arrive point par une autre caufe, que parce que l'air qui eft enfermé dans les ventoufes comprimant moins à caufe de fa rareté, que l'autre

V I.
Comment la pefanteur de l'air aide à la diftribution de la nourriture.

air qui environne le reste du corps. La
chair & le sang sont portez vers l'endroit où la compression est moindre ; &
c'est par cette mesme raison que les sucs
des Plantes montent ou descendent vers
les endroits où il s'en fait une plus grande dissipation, y estant poussez des endroits où il s'y en fait une moindre ; de
mesme que le vin sort d'un tonneau par
l'endroit où on luy donne ouverture.

» I L se fait proche la racine des Plantes
» une fermentation du suc de la terre, par
» un sel fermentif, contenu dans cette
» racine ; & cette fermentation cause une
» effervescence, qui dilate ce suc, & le
» forçant à chercher une plus grande pla-
» ce pour se loger, le fait entrer dans les
» pores de la racine.

V I I.
& que la fer-
mentation y
contribuë.

O N fait deux objections contre cette
supposition que l'on dit estre sans preuve. La premiere est, que la fermentation doit estre faite par la rencontre &
par le meslange de deux sels contraires ;
& l'on soûtient qu'il n'y a point d'autres
sels dans la racine des Plantes que dans
le suc de la terre ; mais on ne donne
point de preuve de cette supposition. La
preuve que j'ay que ces sels peuvent
estre contraires est, que ce qui arrive à
l'introduction du suc de la terre dans la
racine d'une Plante, n'est point different

de ce qui arrive à l'introduction de ce
mesme suc dans la semence de la Plante,
lors qu'elle germe dans la terre, &
qu'elle y pousse la premiere racine. Or
il n'y a point de raison qui empesche
qu'une semence de Plante ne contienne
un sel contraire à celuy du suc de la terre ; & il n'y a rien qui repugne à croire
que la racine ne conserve tant que la
Plante vit, ce caractere qu'elle tient de
la semence, & la faculté d'engendrer ou
d'amasser ce sel contraire à celuy du suc
de la terre. La seconde objection est,
que supposé que cette fermentation
causast une dilatation dans le suc de la
terre, il luy seroit plus facile de penetrer la terre, que de s'insinuer dans les
racines. Cela, ce me semble, n'est pas
facile à démontrer, & les raisons de la
facilité que des corps ont à se penetrer
plustost les uns que les autres, toutes
obscures qu'elles sont, n'empeschent
point que ce ne soit une chose tres-évi-
dente, qu'il y a des corps qui paroissent
plus penetrables que d'autres, quoy
qu'ils le soient beaucoup moins. Quand
on jette de l'eau-forte sur des pieces de
cuivre ou de fer mélées avec des pieces
de cire, on jugeroit que la cire devroit
boire toute cette eau, & que les esprits
vifs & penetrans qu'elle fait entrer dans
le cuivre devroient plustost penetrer l'air

& s'y exaler , si l'experience ne faisoit
connoistre le contraire ; & cette experience est une démonstration suffisante
pour faire concevoir que la fermentation qui se fait du suc de la terre autour
d'une racine, peut rendre les pores de
cette racine plus penetrables à ce suc
fermenté, que les pores de la terre qui
l'environnent. Joint que se faisant, ainsi
qu'il a esté dit , une plus grande dissipation de la nourriture dans le haut de la
Plante que dans la racine, il est évident
que supposé mesme que le suc fermenté
eust autant de facilité à penetrer la terre
qu'à passer dans les pores de la Plante,
il sera porté vers l'endroit où la dissipation se fait, & il y sera poussé plus facilement, que vers l'endroit où il ne s'en fait
point. On voit un exemple d'un pareil
effet dans les ventouses, dans lesquelles le sang poussé par les arteres ne sor-
tiroit pas si l'espace vuide qui s'y rencontre par la rarefaction de l'air n'y
donnoit lieu : de mesme que l'évacuation du suc qui se dissipe dans les branches & dans les feüilles permet au suc
de monter pour occuper cette place,
vers laquelle il n'est pas poussé plustost, si
l'on veut, que vers la terre ; mais dans laquelle il ne peut pas se répandre & passer
avec tant de force, parce qu'elle ne luy
fournit pas d'espace pour y estre receû.

NOUVELLE INSERTION DU CANAL THORACIQUE.

AVERTISSEMENT.

CE Traité est composé de quatre Pieces, qui contiennent l'histoire de la découverte d'une nouvelle communication du Canal thoracique avec la veine cave, laquelle outre l'insertion ordinaire & connuë, qui est celle des parties superieures, en a une autre au dessous du cœur, qui n'avoit point encore esté vûë, quoy que plusieurs celebres Anatomistes, comme Bartholin, Vvarton & Conringius eussent jugé qu'on la devoit supposer, encore qu'elle ne soit pas visible. Et la verité est, qu'elle est d'ordinaire tellement cachée à cause de la situation des conduits qui sont enfermez sous la pleure & sous le peritoine, & mesme engagez dans les muscles, qu'il est presque impossible d'en faire la dissection ; la delicatesse de la tunique du canal thoracique ne le pouvant permettre, & n'y ayant point d'autre moyen de connoistre cette communication que par les injections qui font voir qu'il doit y avoir des conduits pour cela, puisque les liqueurs passent. Mais encore ce passage ne se voit-il que rarement, parce que les conduits dilatez dans les corps vivans, & la subtilité des humeurs que les esprits animent

alors, sont des causes qui ne facilitent plus
ce passage aprés la mort. Et en effet, ces injections que nous avons tentées en plusieurs sujets ne nous ont réussi que deux fois & seulement en des femmes, peut-estre parce que
mangeans ordinairement plus que les hommes,
ces conduits sont plus dilatez dans leurs corps
tendres & mollasses. Lorsque ces injections
ont réussi, l'Academie en a donné avis au
Public dans les Iournaux des Sçavans : La
premiere Relation fut faite par Monsieur Pecquet ; I'eus charge de faire la seconde, sur
laquelle Monsieur Needham de la Societé
Royale d'Angleterre qui l'attribuë à Monsieur Pecquet, fit les Remarques qui sont icy
rapportées, avec la Réponce que ie luy fis
alors. Toutes ces Pieces comprennent beaucoup
de choses sur ce suiet, qui ainsi que ie croy,
merite d'estre examiné.

EXTRAIT D'VNE LETTRE
de Monſieur Pecquet à Monſieur Carcavi, touchant une nouvelle découverte de la communication du Canal Thoracique avec la veine émulgente, du 27. Mars 1667.

JE ne puis eſtre plus long-tems ſans vous faire le recit des experiences que Meſſieurs Perrault, Gayant & moy avons faites dans la diſſection du corps d'une femme qui eſtoit morte peu de jours aprés eſtre accouchée.

Nous avions deſſein de continuer la recherche des vaiſſeaux que l'on pretend devoir porter le chyle aux mammelles : Mais le ſujet n'y eſtant pas bien diſposé, nous avons remis cette recherche à une autre fois, & nous avons eû le bonheur de faire une autre découverte. C'eſt la communication du canal laĉtée du thorax, qu'on nomme à preſent Canal Thoracique, avec la veine émulgente. Voicy les Experiences que nous avons faites pour y parvenir.

Monſieur Gayant ayant ouvert le canal thoracique ſur la ſept & huitiéme des vertebres deſcendantes du dos, introduiſit un chalumeau dans ce canal, par le moyen duquel on fit enfler le canal thoracique depuis le chalumeau juſ-

qu'à la veine fouclaviere. Le vent fortit par la cave afcendante qui avoit efté
eouppée, parce qu'on avoit ofté le cœur
pour d'autres experiences.

Pour fuppléer à ce defaut je compri-
may avec mes doits la veine-cave & le
canal thoracique enfemble audroit de
la troifiéme vertebre defcendante du dos;
mais le vent qui eftoit pouffé dans ce canal nous fit voir qu'il avoit un autre
chemin pour s'échapper. Et de fait nous
vîmes toutes les fois qu'on fouffloit que
la veine émulgente du cofté gauche fe
rempliffoit de vent, & qu'enfuite le
corps de la veine-cave fe rempliffoit
auffi depuis l'émulgente jufqu'aux ilia-
ques.

On douta fi ce vent qui enfloit l'émulgente & enfuite la cave, paffoit effectivement dans la cavité de ces vaiffeaux,
ou s'il fe gliffoit feulement entre la tunique propre des veines & la commune,
dont le peritoine les recouvre

Cela nous obligea de faire fendre la
veine-cave à l'endroit de l'émulgente,
& alors ayant foufflé dans le canal thoracique, nous vîmes que le vent qui
avoit gonflé l'émulgente, s'échappa par
l'ouverture qui venoit d'eftre faite à la
cave.

Cette experience nous fit juger qu'il y

avoit communication du canal thoracique avec la veine émulgente gauche,
dans le corps de cette femme ; & pour
en estre mieux éclaircis, nous fimes
l'experience suivante.

Nous levâmes avec la main le poumon
qui remplissoit la cavité gauche du thorax, & ayant nettoyé cette cavité avec
l'éponge, lorsque l'on souffla dans le
canal thoracique pendant que je serrois
la veine & le canal avec mes doits sur la
troisiéme vertebre descendante du dos,
nousvîmes levent s'insinuer sous la pleure par une trace qui la soulevoit subite-
ment toutes les fois qu'on souffloit. Cette trace paroissoit depuis la quatriéme
vertebre du dos jusqu'au diaphragme,
& nous faisoit juger qu'il y avoit sous la
pleure un canal de communication qui
venoit du canal thoracique, & alloit à
la veine émulgente par cette cavité du
thorax.

Nous ne pouvions pas douter que ce
canal, qui paroissoit sous la pleure,
n'allast jusqu'à l'émulgente, parce que
nous voyons que le vent la soulevoit,
& ensuite sortoit par le trou de la veine-
cave qui avoit esté fait en la premiere
experience.

Nous apperçûmes que ce canal de
communication partoit du canal thora-

cique à l'endroit de la quatriéme vertebre du dos : mais pour en eftre plus certains, nous fifmes l'experience fuivante.

Je ferray avec mes doits le canal thoracique fur la cinquiéme vertebre defcendante du dos ; & lorfque l'on fouffla
dans le chalumeau qui eftoit fur la fep-
tiéme vertebre, le vent n'alla point
à la veine émulgente : ce qui nous fit
conclure que la communication n'eftoit
point au deffous de la cinquiéme vertebre.

Enfuite je ferray avec mes doits le canal thoracique & la veine-cave, fur la
troifiéme vertebre defcendante du dos,
& la veine émulgente fe gonfla lorfqu'on
fouffla dans le chalumeau : Ce qui nous
donna lieu de croire plus fortement que
l'endroit du canal thoracique, d'où part
le canal de communication avec la veine
émulgente, eftoit entre la troifiéme &
la cinquiéme vertebre du dos, comme
le vent nous l'avoit indiqué en la deu-
xiéme experience.

Pour en eftre plus certain on fendit le
canal thoracique fur la troifiéme vertebre du dos, & le vent fortit par la veine
axillaire, & par la cave afcendante ;
mais la veine émulgente ne fe gonfla
aucunement.

DECOUVERTE D'UNE
communication du Canal Thoracique avec la veine-cave inferieure.

LA découverte que Monsieur Pecquet a faite il y a plus de vingt ans du canal thoracique, sembloit n'estre pas suffisante pour éclaircir toutes les difficultez qui se rencontrent dans la nouvelle opinion que ce canal a donné lieu d'établir touchant la sanguification.

On pouvoit dire entre-autres choses, qu'on ne voit point de raison pourquoy la nature, qui ne fait rien sans dessein, eust porté la matiere du sang jusqu'aux sousclavieres, & de là l'eust fait descendre par le tronc de la veine-cave, si ce n'est pour empescher que le chyle n'entre tout-à-coup & tout pur dans le cœur, & afin que le mélange qui se fait du chyle avec le sang le long de ce chemin, dispose le chyle par une espece de fermentation contagieuse, à recevoir plus facilement le caractere du sang dans le cœur ; mais que cela se pouvoit faire plus commodément, le canal thoracique estant inseré dans le tronc de la veine-cave qui monte au cœur ; parce que ce chemin est plus court, & qu'il est également favorable à ce mélange.

On pouvoit encore objecter que ſuppoſé que ce mélange fuſt de quelque importance, le canal thoracique devoit avoir communication avec le tronc inferieur de la veine-cave auſſi-bien qu'avec le tronc ſuperieur, afin qu'une moitié du chyle eſtant mélée avec le ſang qui vient d'enhaut, & l'autre avec le ſang qui vient d'embas, il fuſt plus facilement alteré par ce double mélange : & cette objection paroiſſoit d'autant plus raiſonnable, qu'y ayant grande apparence que le ſang qui revient des parties dans leſquelles il a reçû quelque impreſſion en penetrant leurs poroſitez, peut communiquer au chyle ces meſmes diſpoſitions ; il y avoit lieu de deſirer que le ſang qui remonte, luy imprimaſt en quelque ſorte le caractere ſingulier des parties inferieures, de meſme que celuy qui vient des parties ſuperieures luy imprime le ſien.

Ajoûtez à cela que le ſang qui remonte au cœur doit eſtre plus parfait que celuy qui y deſcend, parce qu'il vient d'eſtre purifié dans le foye, dans la ratte, & dans les reins : de maniere qu'il eſt plus capable de donner au chyle de bonnes impreſſions.

Enfin l'on pouvoit dire que ſuppoſé qu'il ſoit neceſſaire que non ſeulement

une

une portion du chyle paſſe par le cœur pour luy donner quelque ſorte de rafraiſchiſſement ; mais auſſi que tout le chyle y ſoit porté pour eſtre converti en ſang ; les petites emboucheures que le Canal Thoracique a dans les ſouſclavieres , ſembloient n'eſtre pas aſſez amples pour cela.

Les obſervations que l'on a faites au commencement de cette année à la Bibliotheque du Roy , en cherchant exactement la conduite du Canal Thoracique dans le corps d'une femme, ont fait voir que ces difficultez étoient bien fondées. Car on a reconnu par pluſieurs experiences que l'on a faites ſur ce ſujet , qu'il monte pour le moins autant de chyle par le tronc qui eſt au deſſous du cœur qu'il en deſcend par celuy qui eſt au deſſus.

Ces experiences ont paru conſiderables, en ce qu'elles confirment celles qui furent auſſi faites par l'Academie Royale des Sciences , il y a pres de cinq ans , & qui ſont inſerées dans le vij. Journal de l'année 1667. Mais cette derniere experience a eſté plus claire & plus ample que la premiere , en ce que la communication qui ne parut la premiere fois qu'avec la veine émulgente gauche , s'eſt trouvée cette ſeconde fois , non-feulement avec cette veine , mais encore avec la lombaire droite , qui a fon embouchure dans le tronc de la veine cave inferieure.

Voicy la maniere dont on a procedé en prefence de toute la compagnie pour trouver cette communication.

Apres avoir fait voir la communication du canal Thoracique avec le ventricule droit du cœur par une injection de lai't, qui ayant efté poullé avec un fiphon dans le commencement du canal , fortit en grande quantité par ce ventricule , on lia le tronc de la veine-cave au dellus du cœur pour empefcher que rien ny puft paller ; & le tronc de l'émulgente & celuy de la veine-cave, ayant efté ouverts pardellus felon leur longueur , on poulla du lait qui alla boüillonner dans l'émulgente par la lombaire gauche qui entre ordinairement dans l'émulgente , & en mefme temps on le vit paller par l'autre lombaire , & fortir dans le tronc de la veine cave un peu au dellous des émulgentes.

Cette experience ayant efté reïterée par plufieurs fois , fans que l'on puft voir la trace que l'on avoit remarquée fous la pleure , lors que la premiere découverte de cette communication

fut faite , laquelle trace sembloit dé-
signer le chemin que tient le rameau
Thoracique pour faire la communication avec la veine cave inferieure ; on
voulut tenter un moyen plus facile &
plus certain pour découvrir ce rameau,
que n'est la dissection ordinaire des
vaisseaux , laquelle se fait en separant
leurs tuniques propres d'avec une infinité de membranes & de graisses, qui
les liant & les embarassant rendent ce
travail tres-difficile,principalement lors
que les vaisseaux ne sont point remplis de sang qui les rende visibles , &
qu'ils sont composez de tuniques plus
delicates que celles des veines.

Ce moyen fut de seringuer dans le
tronc du canal Thoracique une composition qui y pust couler estant chaude,
& qui le refroidissant devint assez solide pour donner une plus grande facilité à suivre les canaux , dans la cavité desquels elle se seroit endurcie :
Et ce dessein reussit en partie. Car la
composition emplit tout le canal Thoracique, & monta jusques dans la sous-
claviere ; mais il ne passa rien dans le
canal qui fait la communication que
l'on cherchoit , quoy que l'on eust eu
soin d'échauffer les parties d'alentour
par plusieurs injections de lait chaud,

afin que la composition ne se prist pas
avant que d'avoir penetré dans tous
les conduits. On essaya aussi de faire
injection de la mesme composition par
la lombaire qui sort du tronc, au cas
que ses valvules le peussent permettre ;
mais elles arresterent tout ce que l'on
voulut y faire passer , & le lait ny le
vent n'y purent jamais entrer.

 L'avantage que l'on tira de l'injection de cette composition dans le canal,
fut que l'on en vit tres-distinctement
la figure & toute la structure , lors que
la composition dont on l'avoit remply,
fut refroidie & endurcie. Car on re-
connut que ce canal montoit jusqu'au
droit du cœur , conservant une mesme
grosseur , qui estoit de plus d'une ligne ; qu'ensuite il se dilatoit jusqu'à
avoir deux lignes de diamettre ; Que
dans cette dilatation sa tunique au droit
des vertebres , estoit comme percée de
quatre petits trous éloignez d'une ligne l'un de l'autre , & disposez tous
d'un rang , dans lesquels la composition
n'avoit pû penetrer ; Que le canal apres
avoir repris sa premiere grosseur avoit
deux appendices faites en forme de
sacs : Qu'il y avoit encore une troisiéme appendice au dessous de la dilatation : Que la premiere & la plus haute

appendice estoit de la forme & de la grosseur d'un petit phaseole; Que la troisiéme qui estoit au dessous de la dilatation, estoit semblable à la seconde ; Qu'elles avoient toutes l'emboucheure estroite, & que la derniere estoit pleine de chyle épaissy, ensorte que la composition n'y avoit pû entrer comme elle avoit fait dans les autres.

L'importance de ces observations doit exciter la curiosité de ceux qui se plaisent aux recherches Anatomiques, & les engager à examiner avec soin cette nouvelle communication , pour en avoir un entier éclaircissement.

Explication de la Planche I.

Elle reprefente le canal Thoracique, vu du cofté de l'épine du dos fur laquelle il eft pofé : Cela fait que ce qui eft à droit eft icy mis à gauche.

A. Le receptacle. B C D, le canal Thoracique. D, la veine foufclaviere droite où eft l'infertion fuperieure. E E E, la lombaire droite. E G G, la lombaire gauche. C E, la branche occulte du nouveau canal, par laquelle le chyle qui eft monté jufqu'à C, defcend dans l'émulgente droite, par la communication que cette branche a avec la lombaire droite. B F, l'autre branche occulte par laquelle une partie du chyle à la fortie du receptacle paffe dans la lombaire gauche, & delà dans le tronc de la veine cave.

Les canaux occultes ne font marquez que par des points, parce que ce ne font point des conduits qui ayent efté vus, mais feulement qu'on a jugé devoir eftre de cette maniere, non feulement par le paffage vifible du chyle dans les veines inferieures; mais auffi par le tronc qui a paru manifeftement fous la pleure lors que les injections le faifoient foulever.

Q *Velques annotations du Savant Docteur Gautier Nedham, fur une découverte pretendue avoir efté faite par le fameux M. Pecquet, d'une communication entre le canal Thoracique & la veine cave inferieure.*

Annotations du Docteur Nedham.

I. Je penfe que la raifon dont il eft fait mention en ce lieu-là, eft tres-fuffifante pour le placement du tronc du *Ductus Thoracicus* dans un feul lieu, du moins auffi bonne qu'aucunes de celles qui font données enfuite pour prouver

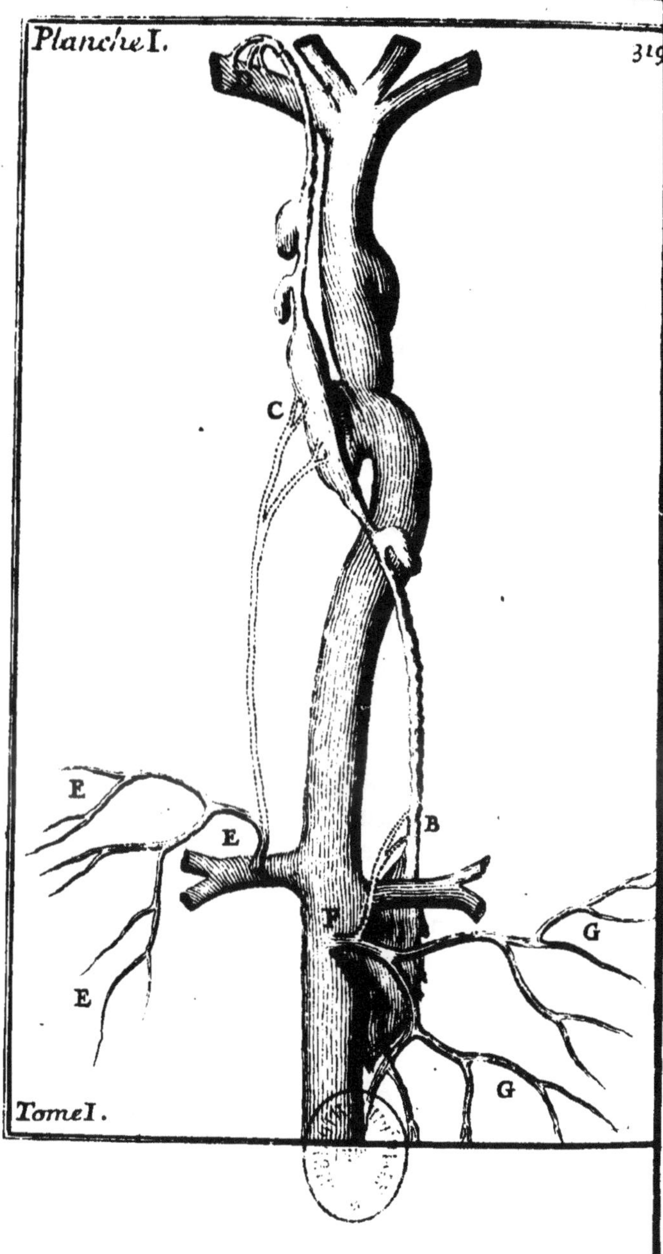
C
E
E
E
B
F
G
G

le contraire : Car toutes les preuves
de cette nature ne sont tout au plus
que de simples conjectures ; la matiere
n'admettant aucune autre demonstra-
tien que celle qui est oculaire.

II. Jusqu'à ce que la plus basse insertion soit monstrée , nous sommes
obligez de croire que la nature a pensé
que le simple meslange du sang estoit
suffisant. Le renforcement de cette objection répond à soy-mesme n'estant
proposé qu'en ces termes , *il semble,*
vray-semblablement, toute la conjecture
n'ayant eu encore qu'un fort maigre
fondement en Philosophie. Et s'il y a
quelque chose dans la notion des caracteres imprimez , on le doit plûtost
à la lymphe. Voyez cy-dessous le nombre IV.

III. Que le sang qui remonte au cœur
est plus pur que celuy qui descend de
la teste, &c. est une notion que l'on
n'accordera pas aisément , & on ne
la peut pas non plus justifier par
l'experience : J'ay moy-mesme com-
paré le sang de la veine jugulaire avec
celuy de la crurale dans un chien , &
n'y ay trouvé aucune différence ; Les
separations faites par les reins & le
foye (si elles prouvent quelque chose)
prouvent que le sang qui monte est

plus efpais que celuy qui defcend,
ayant perdu en ces lieux-là beaucoup
de fa ferofité & de fes fels lixivieus
qui font les grands inftrumens de l'attenuation. Mais avec cela il faut confiderer que le fang qui monte du cœur
à la tefte, fe fepare de beaucoup d'ex-
crements dans les glandes falivales,
dans les narines & dans tout le gofier,
dont la quantité eft beaucoup plus grande qu'on ne peut pas s'imaginer aifé-
ment : Il y a femblablement une grande
feparation qui fe fait au cerveau, laquelle fi c'eft des plus purs & meilleurs
efprits du fang, en forte qu'il en demeure dépourvû, c'eft feulement d'une
ferofité nutritive, t'elle qu'il fe fait
dans toutes les parties folides, il eft
difficile de le dire.

Seulement l'on peut dire certaine-
ment que la lymphe s'exonere entierement dans les veines fubclavieres & ju-
gulaires, pres du lieu de l'infertion du
chyle, par lequel tout le chyle eft
dilaté & le mélange d'iceluy & du fang
facilitez, lequel Phenomene eft un plus
grand argument pour prouver que le
chyle entre entierement par ce paffage, qu'aucun autre que l'on ne fçauroit produire de l'autre cofté. Car l'on
voit toute la lymphe non-feulement

du foye & des inteſtins, mais auſſi des membres inferieurs, ſe verſer dans le receptacle du chyle, & non en aucune des veines inferieures : au lieu que les lymphatiques du chef, du col & des bras eſtiment qu'il ſuffit de rencontrer le chyle au lieu de ſon entrée ; ce qui pourroit avoir eſté fait par les lymphatiques inferieurs s'ils avoient à rencontrer quelque chyle : Le principal uſage de la lymphe ſemblant eſtre pour ſervir aux uſages du chyle & de ſon mélange avec le ſang.

IV. Quelles impreſſions ſont faites ſur le ſang par le foye, la ratte, les reins, &c. Cela eſt incertain, mais s'il s'y en eſt fait, le foye & les reins ſe déchargent ſi promptement dans la veine cave, que les impreſſions, qu'elles ſoient ce quelles voudront, ſont promptement portées au cœur, ſans qu'elles ſoient grandement diminuées, & comme l'Autheur fait mention des caracteres imprimez par ces parties-là, ces caracteres s'il y en a aucuns, peuvent beaucoup plus juſtement eſtre ſuppoſez eſtre portez dans la lymphe, laquelle liqueur ſemble eſtre une production de ces parties curieuſement elabourées dans leur veritable ſubſtance.

V.   Ce qui eſt ſuffiſant ou non ſuffiſant doit eſtre jugé par la nature &
non pas par nous, neantmoins ſi nous
conſiderons le temps qui ſe paſſe à
tranſporter le chyle dans le ſang, il
eſt facile de croire qu'une plus grande
quantité de liqueur peut-eſtre déchar-
gée par ce *Duĉtus* que l'on ne pretend
ordinairement.

VI. Nous ferions fort aiſes de ſçavoir quelles ſont ces experiences;
mais l'experience de 1667. ſi je m'en
ſouviens bien, n'eſtoit ſeulement qu'un
luſus naturæ trouvé par Monſieur Pecquet, je l'appelle de la ſorte, parce
que ny luy ny aucun autre du depuis
ne l'a trouvé : au lieu que les vaiſſeaux
laĉtées & les voyes de les regler, ſont
ſi bien connus, que ſi cela eſtoit, il ne
ſeroit pas long-temps caché.

VII. Une injeĉtion dans la veine lombaire avec ſes effets mentionnez, ne
peut rien prouver que l'inoſculation
des deux veines lombaires l'une avec
l'autre que l'on connoiſt eſtre telle
dans tous les vaiſſeaux capillaires de la
meſme eſpece, ſçavoir veines avec
veines, & arteres avec arteres : Mais
la choſe qui eſt requiſe en ce lieu
icy, eſt le paſſage du receptable à
la veine lombaire, ou à quelque au-

tre veine , outre la fousclaviere.

VIII. La voye de fyringuer une liqueur qui eft capable de coagulation dans le canal Thoracique , &c. j'eftime qu'elle eft inutile à l'égard d'une recherche lors que l'on en peut faire une experience plus aifée & plus demonftrative ; fçavoir , ouvrez un chien un temps convenable apres qu'il aura mangé , & puis faites une ligature fur le canal Thoracique proche la fousclaviere , voftre receptable continuera à eftre plein 48. heures ou plus , fi vous voulez. De forte que s'il y a un tel conduit , il faut qu'il demeure plein tout de mefme avec fa propre liqueur naturelle , & foit vifible pendant tout ce temps-là : Mais s'il y avoit un pareil conduit dans le quart du temps , il vuideroit tout le receptable : au lieu que par une ligature vous trouverez tout le contraire ; fçavoir , que tous ces vaiffeaux lactées qu'on reconnoift pour tels amplement deftendus ; qui eft une pleine démonftration qu'ils n'ont aucune autre voye d'évacuation par autre conduit que par le conduit Thoracique.

L'autre ufage de l'injection coagulative je l'aprouve , quoy que cela fe puiffe faire par la ligature fufdite.

O vj

Quoy que c'en foit, l'évenement de
l'experience faite par le Docte Pecquet fait contre l'opinion d'un nouveau conduit & non pour elle, comme
il paroift par la narration. La hafte
en laquelle cecy a efté écrit implore
voftre excufe, &c.

Réponfe à un écrit du Iournal de la Societé
Royale d'Angleterre intitulé : Quelques
Annotations du Sçavant Docteur Nedam,
fur une découverte pretenduë avoir efté fai-
te par le fameux Monfieur Pecquet d'une
communication entre le canal Thoracique,
& la veine cave inferieure.

ON a déja donné avis par deux fois
au public de la découverte de cette communication faite par les rameaux des veines lombaires, qui ont
anaftomofe avec des rameaux que le
canal Thoracique jette entre les coftes
proche de l'épine, par lefquels une
portion du chyle paffe dans le tronc de
la veine cave, qui monte au cœur,
tant par le moyen de la lombaire gauche qui s'infere dans l'émulgente, que
par l'autre qui s'infere par derriere au
tronc de la veine cave. Mais la cir-
confpection dont la compagnie ufe
dans toutes fes refolutions, l'ayant em-

peſchée de qualifier cette communication, & decider ſi elle n'eſt qu'un ſimple jeu de la nature, & une choſe particuliere aux ſujets dans leſquels il
s'eſt trouvé, ou ſi c'eſt une conformation ordinaire ; elle a ſeulement
cherché les raiſons qui peuvent rendre
probable l'opinion que l'on peut avoir,
que cette conformation n'eſt point particuliere aux ſujets que nous avons vus,
afin d'inviter les curieux à la recherche
d'une choſe qui merite la peine, qu'il
faut prendre pour la découvrir.

Monſieur Nedham deſapprouve ce
deſſein dans ſa premiere remarque, parce qu'il ne veut point de conjectures
dans l'Anatomie. Ses autres remarques
ſont pour faire voir que les conjectures
que nous employons ſont mal-fondées.

Pour ce qui regarde le premier chef,
nous demeurons d'accord que la de-
monſtration oculaire dans l'Anatomie
eſt la plus certaine ; mais nous ne
croyons pas qu'elle ſoit la ſeule, à
laquelle les Anatomiſtes ſe doivent
rapporter ; parce qu'il arrive ſouvent
que l'on voit des choſes, ſans ſçavoir
qu'on les voit, & l'on peut auſſi ſçavoir que des choſes ſont, bien qu'on ne
les voye pas.

Il y a grande apparence que la communication entre le canal thoracique & la veine cave inferieure, par les veines lombaires que nous avons vû clairement & distinctement en plus d'un sujet, à esté veüe avant nous par les Anatomistes ; mais ils n'ont pas sceu qu'ils la voyoient, *a* ils ont observé il y a long-temps que les veines lombaires ont des communications avec plusieurs vaisseaux, & *b* quelques uns ont creu mesme qu'elles en avoient de si considerables avec la moëlle de l'épine, que par leur moyen la matiere seminale estoit portée du cerveau dans l'émulgente gauche & delà dans le tronc de la veine cave inferieure, par les lombaires. Cette pensée qui a passé pour chimerique, ne laissoit pas d'estre fondée sur la démonstration oculaire, qui ayant fait voir qu'une humeur blanche & sereuse estoit versée par les lombaires dans l'émulgente & dans la veine cave, à fait prendre cette humeur pour un écoulement du cerveau, laquelle neantmoins n'estoit que l'effusion d'une partie de la matiere qui passe par le canal thoracique.

Si nous n'avions eu que des yeux pour découvrir ce qu'il y a à apprendre dans les dissections, celles qui ont donné lieu à la découverte que nous avons faite de la nouvelle communication du canal thoracique, ne nous auroit fourny qu'une confirmation de la pensée chimerique des anciens; & si nous n'avions point d'ailleurs esté persuadez que le canal thoracique se décharge dans ces veines; qu'il y a plusieurs communications des vaisseaux qui sont cachées; & qu'enfin la communication dont il s'agit a des utilitez qui fondent l'opinion que nous avons eu la premiere fois que nous l'avons trouvée, qu'elle pouvoit estre autre chose qu'un jeu de la nature, nous n'aurions point eu la pensée de travailler aux experiences, & de faire les recherches qui nous ont fait rencontrer une seconde fois cette mesme communication.

Desorte que du moins, il est certain que les conjectures que nous avons employées en cette rencontre, ont produit un bon effet; & que nous avons esté seulement plus heureux que *a* Bartholin, & que Vvarton, qui ont cru, mais qui n'ont pas veu comme nous, que le canal thoracique avoit communication avec les parties inferieures aussi bien qu'avec les superieures. Il reste à examiner si nos conjectures sont aussi mal-fondées que l'on pretend, dans les autres remarques.

Nous avons cru que noſtre nouvelle communication pouvoit eſtre conſide-rée comme apportant quelque facilité à la tranſmutation du chyle en ſang : parce que la communication eſtant dou-ble le chyle qui doit recevoir les pre-mieres impreſſions du caractere du ſang par le mélange du ſang meſme, y ſeroit diſpoſé plus efficacement, ce mélange eſtant fait en deux endroits, que s'il ne ſe faiſoit qu'en un, *b* Et nous ne ſommes pas les premiers qui ont eu cette penſée.

On dit dans la ſeconde remarque; que cela eſt appuyé ſur un fonde-ment foible, & qu'il eſt bien mai-gre en Philoſophie ; Ce fondement neantmoins a paſſé juſqu'à preſent pour le principal & meſme le ſeul que l'on connoiſſe de toutes les actions naturel-les ; Sçavoir, l'attouchement mutuel des corps, par lequel tous les change-mens dont ils ſont capables, leur arri-vent, lors que par ce moyen les corps ſe communiquent leurs qualitez & leurs affections les uns aux autres, ou en produiſent de nouvelles par leur mé-lange.

Sur ce principe nous avons eſtimé que le mélange qui ſe fait du chyle

ansam præ-buerunt lac-teas non mi-nus ad infer-nas quam ſu-pernas par-tes distribui, Vvartonus Adenog. cap. 15.

b. Videtur natura rerum rectius con-ſultum. ſi chylus variis in locis cum venoſo ſan-guine miſ-ceatur, quam ſi omnis uno loco tempore-que conficia-tur. Conrin-ringius Epi-ſtola ad Bar-tholin.

avec le fang, feroit plus favorable à fa
tranfmutation en fang, s'ils fe faifoit
non feulement dans plus d'un vaiffeau,
mais mefme qu'il eftoit important que
ce mélange fe fift dans ceux qui contiennent du fang de nature differente,
tel qu'eft celuy qui vient des parties
inferieures, & celuy qui vient des fuperieures.

On répond dans la troifiéme remarque que le fang qui vient des parties
inferieures, n'eft point different de celuy qui vient des fuperieures, & l'on
fonde cette affirmation fur la comparaifon qu'on a faite du fang qui a efté
tiré de ces differentes parties : comme
s'il ne pouvoit y avoir de difference entre le fang de diverfes natures, que celle
qui fe peut connoiftre à l'œil ; & comme s'il eftoit raifonnable de conclure
que du fang peut penetrer des parties
vivantes fans eftre alteré, & qu'il peut
eftre alteré par des parties differentes
fans eftre different ; & cela parce qu'on
ne voit point qu'il foit different : Mais
quand mefme le fang qui remonte ne
feroit different de celuy qui defcend
que par fa confiftance, que le Docteur
avouë eftre plus épaiffe, eftant privé
de la partie fereufe que les reins & les
autres émonctoires du bas ventre ont

confumées ; il feroit toujours vray que
le mélange de la portion du chyle & de
la lymphe que le nouveau canal y apporte pour le diſſoudre , devroit eſtre
confiderée comme un moyen tres-fa-
vorable du moins à ſa diſtribution.

O r ſur ce que nous avons eſtimé que
le ſang qui remonte au cœur eſt plus
pur que celuy qui y deſcend , & que
par conſequent le mélange de ce ſang
peut communiquer de bonnes diſpoſitions au chyle dont la nature a dû avoir
un moyen de profiter , tel qu'eſt cette
communication inferieure , on dit encore que le ſang qui vient des parties
ſuperieures , n'eſt pas moins purifié
que celuy qui vient des inferieures , à
cauſe que le cerveau ſe décharge de ſes
excremens , par la bouche , par les narines & par les autres émonctoires.
Mais quand on demeureroit d'accord
que les purifications qui ſe font par les
glandes de la teſte ſont auſſi importantes que celles qui ſe font par le foye,
par la ratte , par les reins , par le pancreas , par les glandes du meſentere ,
&c. C'eſt aſſez que ces purifications
ſoient differentes , pour faire croire
qu'il eſt avantageux au chyle de n'eſtre
pas privé des moyens que l'une & l'autre purification lui peuvent fournir de

se perfectionner par un double mélange.

On tasche d'éluder cette raison en
lui en opposant une pareille que l'on
pretend avoir la mesme force pour faire voir que l'insertion du canal thoracique n'a dû estre faite que dans les rameaux superieurs.

On dit que la lymphe qui vient des
parties superieures est versée immediatement dans les veines superieures, dans
lesquelles le canal thoracique se décharge, & que si ce canal avoit une autre insertion dans les veines inferieures,
il auroit falu que la lymphe eust aussi
esté versée immediatement dans ces
veines & non par l'entremise du canal
thoracique, qui la reçoit du receptacle, dans lequel la lymphe qui vient
des parties inferieures est versée.

Nous répondons qu'il ne faut point
chercher d'autre raison, pourquoy les
lymphatiques superieures ont leur insertion immediatement dans les veines,
que la commodité de l'insertion à laquelle le canal thoracique auroit esté
moins propre que n'est le receptacle, à
l'égard des lymphatiques inferieures, à
cause du mouvement du chyle & de la
scituation contraire des valvules, qui
s'opposeroient au mouvement de la

lymphe & en rendroient l'entrée difficile , fi l'infertion des lymphatiques fuperieures avoit efté faite dans le canal :
Car la décharge des lymphatiques inferieures dans le receptacle eft fort commode pour aider au mélange qui fe doit
faire du chyle avec le fang des parties
inferieures , parce que la communication inferieure eft fi proche du receptacle que la lymphe qui y eft répanduë
entre prefque au mefme temps dans les
lombaires & dans la veine cave inferieure avec le chyle fans pouvoir eftre
alterée.

Pour fortifier l'argument que l'on tire
de l'infertion des lymphatiques dans les
veines fuperieures , on pretend dans la
quatriême remarque , que le mélange
de la lymphe avec le chyle eft beaucoup plus important pour le difpofer à
eftre changé en fang que n'eft le mélange du fang avec le chyle ; parce que
la lymphe eft à ce qu'on dit , une production des parties dont elle vient , &
par lefquelles elle a efté élabourée cu-
rieufement. Mais il faudroit faire voir
que le fang qui revient des parties qu'il
a penetrées, n'eft pas auffi une production de ces parties , où il a efté curieu-
fement élabouré : Car fi le fang qui revient au cœur par les veines paroift

moins labouré que la lymphe, parce
qu'il est plus semblable à celuy qui en
sort par les arteres que n'est la lymphe,
c'est en cela qu'il est plus propre qu'elle à disposer le chyle à estre converty
en sang; car supposé, comme il est croyable que les changemens & les trans-
mutations qui se font par l'attouchement des corps qui sont meslez ensemble, se fasse en deux manieres, ainsi
qu'il a esté dit ; Sçavoir, par une espece de contagion par laquelle un corps
communique ses qualitez à un autre,
ou par la production d'une nouvelle
qualité, comme quand un corps acide
en coagule ou en precipite un autre, il
est certain que si la lymphe sert à la
transmutation du chyle en sang, selon
la derniere maniere ; sçavoir, par l'attenuation & par l'effervescence qu'elle
y produit, le melange du sang y contribuë aussi beaucoup en luy communi-
quant les qualitez & luy imprimant son
propre caractere : Desorte que si la lymphe est comme le feu qui en amolissant
la cire la dispose à recevoir l'impression,
on peut dire que le sang est comme le
cachet qui luy donne la forme.

La cinquiéme remarque examine nostre seconde raison, qui est fondée sur
la quantité du chyle dont il passe da-

vantage par deux communicati⦁s que
par une. On dit que ce n'eſt pas à nous,
mais à la nature de juger ſi une communication eſt ſuffiſante ou non , & enſuite on ajouſte qu'on juge qu'une ſeule
communication eſt ſuffiſante ; il n'eſt
pas juſte ce me ſemble, de vouloir obli-
ger les autres à ſe rapporter au jugement de la nature lors que l'on en uſe
autrement , & que l'on interpoſe le
ſien propre ; mais il eſt encore moins
neceſſaire de nous avertir en cela de
noſtre devoir , puiſque ſi nous avons
crû qu'une ſeule communication n'e-
ſtoit pas ſuffiſante, ce n'a eſté que parce que nous avons deferé au jugement
de la nature , lors que nous avons vû
diſtinctement qu'elle l'avoit fait dans
quelques ſujets humains ; & que cette
communication eſtant cachée comme
elle l'eſt de ſa nature , il n'y avoit point
de raiſon de croire qu'elle ne fuſt pas
dans les autres ſujets où elle ne paroiſſoit point.

Car ſi la communication que nous
avons découverte eſtoit une choſe auſſi
viſible que le canal thoracique , ou que
les veines lactées, qui ont eſté long-
temps ignorées , quoy qu'elles ne laiſ-
ſaſſent pas d'eſtre ; nous aurions dû pre-
ſumer que cette communication n'auroit eſté effectivement que lors qu'elle

auroit paru. Mais les conduits qui la
font eſtant naturellement cachez comme ils ſont, on n'a ce me ſemble nul
ſujet de dire comme on fait dans la
ſixiéme remarque, que ſi ces conduits
avoient eſté en effet, ils n'auroient pas
eſté ſi long-temps cachez ; car cela
eſtant, il ne faudroit rien chercher en
anatomie, où neantmoins il y a des
choſes qu'on eſtime eſtre toûjours quoy.
qu'elles ne ſe voyent que rarement ;
& d'autres qui meſme ſans avoir jamais
eſté veuës, ne laiſſent pas d'eſtre creuës,
ſur les ſeules conjectures que l'on a de
leur probabilité : Les glandes dont on
ſçait que la pluſpart des parenchy-
mes ſont compoſez, ne ſe voyent que
rarement, & les communications que
la matrice & les mammelles ont avec
le canal thoracique, & celles que le
pancreas a avec les parties voiſines,
n'ont encore eſté veuës de perſonne.
Ainſi quoy que les conduits par leſquels
noſtre nouvelle communication eſt faite ne ſe voyent pas ordinairement, on
ne doit pas conclure delà, qu'elle ſoit
une choſe particuliere aux ſujets où
nous l'avons veuë ; mais bien que ces
ſujets avoient une conformation particuliere ſeulement en ce que les conduits qui font cette communication

eſtoient plus larges qu'à l'ordinaire , &
qu'ils l'eſtoient aſſez pour donner paſſage aux liqueurs qui ſont pouſſées &
ſiringuées , lors que la froideur de la
mort a étreſſi les conduits ordinaires ,
qui quoy que plus étroits ſont neantmoins ſuſſiſamment ouverts pendant
la vie pour donner paſſage au chyle.

Dans les trois dernieres remarques,
on blaſme le deſſein que nous avons eu
d'emplir les canaux qui font cette communication , par l'injection d'une matiere qui fuſt capable eſtant coagulée,
de rendre leur diſſection plus facile.
Mais je ne puis comprendre ce que l'on
peut trouver à reprendre en ce deſſein.
On dit que ſans ſe donner cette peine,
la ſeule ligature du canal thoracique
proche de ſon inſertion dans les veines
ſuperieures , eſtant faite à un animal
vivant ou qui vient d'expirer , en fait
ſuffiſamment voir la forme , à cauſe
qu'il s'enfle beaucoup en s'empliſſant :
ſuppoſé que cela ſoit , il ne nous eſtoit
pas poſſible de faire cette experience
ſur un ſujet humain , dans lequel nous
cherchions cette communication.

Et quant à ce qu'on dit, que cette ad-
miniſtration prouve que noſtre communication n'eſtoit point dans les ſujets
ſur leſquels elle a eſté faite , parce
qu'une

qu'une communication inferieure laif-
fant écouler le chyle , auroit empefché
que le canal ne s'enflaft : il y a deux ré-
ponfes à cela. La premiere eft , que
fuppofé que la communication foit double , fçavoir par un canal vifible & par
un autre qui eft occulte , l'écoulement
du chyle ne fe faifant plus par l'un des
deux , à caufe de la ligature du canal
vifible , le gonflement auroit pû arriver à ce canal , à caufe de la difficulté
que tout le chyle auroit à paffer par un
feul canal. L'autre réponfe eft, qu'il n'y
a pas d'inconvenient que noftre nouvelle communication fuft une conformation particuliere à l'homme , dans
lequel la nature auroit eu foin de mettre les infertions du canal thoracique
en deux endroits par les raifons qui ont
déja efté rapportées.

DESCRIPTION D'UN NOUVEAU CONDUIT DE LA BILE.

AVERTISSEMENT.

ON trouve dans ce Traité de mesme que dans le precedent , un exemple des choses qui estant naturellement cachées dans le corps , deviennent visibles par des accidens qui causent seulement l'augmentation de leur grandeur , & qui n'empeschent point de croire que ces parties ne soient effective-ment dans les autres sujets , quoy qu'elles ne paroissent pas.

Explication de la Planche II.

A, la veficule du fiel dont le deffus eft ofté. BB, le canal Cyftique. C. le canal Hepatique. D, le canal commun au cyftique & à l'hepatique. EEE , les racines du canal cyftique. F, le canal cyftique ouvert pour faire voir la communication du canal cyfthepatique avec l'hepatique. G , la valvule qui couvre l'embouchure du cyfthepatique dans la veficule. HK , le canal cyfthepatique. I. la veine porte. LMN , les rameaux du canal cyfthepatique. O, les racines des vaiffeaux bilieux. P , le retreciffement du canal cyftique.

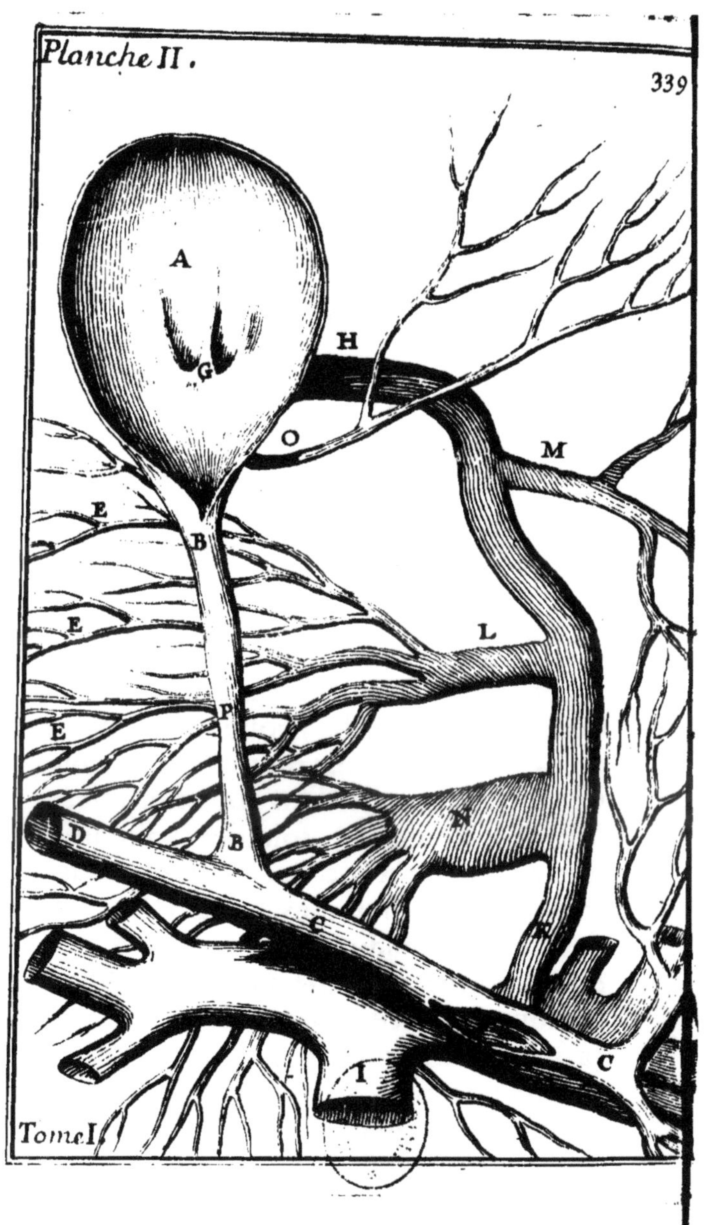

Planche II.
339
A
H
G
O
M
E
B
L
E
E
P
N
D
B
e
I
C
Tome I

DESCRIPTION
D'UN NOUVEAU CONDUIT
DE LA BILE.

APRES avoir cherché dans les foyes de plusieurs animaux, les conduits par lesquels les Autheurs disent, que la bile la plus subtile est portée dans la vesicule, & qui sont appellez par Glisson les racines des vaisseaux bilieux, que Galien dit estre invisibles, & que Glisson assure estre si petits que leur tronc n'a pas la centiéme partie de la grosseur de celuy du canal hepatique ; nous n'avons trouvé jusqu'à present dans tous nos sujets, soit des hommes, soit des animaux, que ce mesme tronc qui alloit quelquefois dans les hommes jusqu'à la grosseur d'une mediocre épingle, & qui estant formé par une infinité de fibres presque imperceptibles, disposées dans la partie cave du foye, s'insere, vers le commencement du col de la vesicule ; mais de telle maniere qu'il n'a aucune embouchure qui soit apparente : En sorte que Spigelius dit, que son ouverture est bouchée par un tubercule assez

folide pour empefcher l'entrée trop
prompte de la bile dans la veficule ; &
de la mefme façon que les proftates empefchent l'effufion de la femence dans
l'uretere:Mais enfin nous avons rencon-
tré dans le foye d'un bœuf où tous les
conduits cholidoques eftoient fort gros
& fort vifibles , un conduit nouveau
par lequel la bile eft portée dans la veficule , & dont la ftructure peut beaucoup fervir à fortifier l'opinion de ceux
qui croyent avec Galien qu'il fe fait
dans le foye une feparation de deux biles differentes.

Ce conduit qui avoit deux lignes de
diamettre fe gliffoit fur la fuperficie de
la partie cave du foye , & fembloit
prendre fa naiffance du milieu du tronc
du pore hepatique , deux pouces & demy au deffus de l'endroit où l'hepatique fe joint avec le cyftique & avec le
commun , & s'infere au fond de la veficule : Mais la verité eft que fon ori-
gine eftoit en l'affemblage de plufieurs
rameaux qui luy fervoient comme de
racines , lefquelles s'épandoient dans
tout le foye , de mefme que les rameaux qui fervent de racines au tronc
hepatique ; & l'infertion de ce conduit
eftoit double , fçavoir l'une dans la veficule , à l'endroit où elle eft adherente
au foye , un peu plus pres du col que

de l'extremité du fond ; l'autre estoit
dans le milieu du tronc hepatique.

Son embouchure & son entrée dans la
capacité de la vesicule estoit un tronc
de plus de deux lignes de diametre,
qu'une valvule fermoit en le couvrant :
cette valvule estoit large de pres de six
lignes, & sembloit estre formée de la
membrane propre & interne de la vesicule. On peut dire qu'elle estoit d'une
espece de valvule moyenne entre la
nature de valvule sigmoide, & de valvule triglochine : Car elle faisoit un sac
ou bourson à la maniere des sigmoides ;
mais ce bourson estoit soustenu par le
milieu comme d'un pendant ou languete, qui avec les deux bords de la bour-
se, qui s'élevoient à droit & à gauche
vers le fond de la vesicule, où le bout
de la languete estoit attaché, formoient
quelque chose qui avoit rapport aux
fibres dont les valvules triglochines
sont attachées.

Nostre nouveau conduit que nous
nommasmes Cysthepatique à cause qu'il
estoit commun à la vesicule & au pore
hepatique, avoit depuis l'insertion qu'il
a au pore hepatique, jusqu'à celle qu'il
a dans la vesicule, environ sept pouces. Ayant ouvert & fendu le tronc
hepatique au droit de l'insertion de ce

conduit , nous trouvafmes que le tronc
eftoit percé par un trou de la groffeur
du conduit qu'il recevoit , & qu'il n'y
avoit ny au deffus ny au deffous de
ce trou dans le tronc hepatique aucune
valvule ; mais l'autre extremité du conduit un peu avant fon entrée dans la
veficule , s'étreciffoit par l'épaiffiffe-
ment de fa tunique , à la maniere d'un
pylore , & à peu pres de mefme que le
conduit cyftique fe retreffit avant que
de fe joindre avec l'hepatique pour
former le canal commun ; en forte que
l'on n'y introduifoit un ftyle qu'avec
beaucoup de peine.

Ce conduit dans cette longueur de
fept pouces qu'il avoit depuis le tronc
hepatique jufqu'au fond de la veficule,
jettoit, ou plûtoft recevoit trois gros rameaux , qui eftoient comme les troncs
de fes racines , dont il y en avoit un
qui eftoit prefque de la groffeur d'un
pouce , & de la longueur de deux , &
qui fe divifoit , ainfi que les autres en
plufieurs rameaux , difperfez dans le
parenchyme du foye , & meflez parmy
les rameaux de la veine çave & de la
veine porte.

Outre ce conduit cyfthepatique
nous en trouvafmes un autre beaucoup
plus petit, qui égaloit à peine une grof-

fe épingle , qui naiſſant de pluſieurs
rameaux capillaires , s'inſeroit pres le
col de la veſicule , entre l'embouchure du cyſthepatique , & le commenc e-
ment du canal cyſtique. Nous jugeaſ-
mes que ce conduit pouvoit eſtre le
tronc de la racine des vaiſſeaux bilieux
de Gliſſon. Le canal cyſtique jettoit
auſſi , ou plûtoſt recevoit dans toute ſa
longueur , qui eſtoit de cinq pouces ,
trois rameaux également diſtans l'un
de l'autre , & de la groſſeur d'une petite
plume à écrire , qui ſe diviſoient tous
en une infinité de racines capilaires
dans le parenchyme du foye , ces vaiſſeaux pourroient eſtre appellez des
racines du canal cyſtique.

Ayant ouvert le canal cyſtique , nous
trouvaſmes qu'un peu avant ſa jonction avec l'hepatique pour former
le canal commun , il avoit ce retreciſſement & ce cercle fibreux que Gliſſon
décrit , & l'élargiſſement auſſi enſuite
qu'il dit eſtre neceſſaire pour faciliter
la prompte effuſion de la bile dans le
canal commun , & de là dans l'inteſtin.

Nous avons eſtimé que cette nouvelle ſtructure pouvoit beaucoup ſervir à l'éclairciſſement des difficultez
que les Anatomiſtes trouvent à la re-

ception de le bile dans la veſicule , que
nous ſuppoſons y venir des rameaux
qui ſont dans le foye & non des arteres
cyſtiques , ainſi que Bacchius a cru ;
cette reception de la bile eſtant le ſujet
de la celebre controverſe qui a com-
mencé il y a long-temps entre Fallope
& Dulaurent, & que Gliſſon auroit deci-
dée avec encore plus de certitude & d'aſ-
ſurance qu'il n'a fait , ſi ſes puiſſantes
conjectures avoient eſté appuyées ſur
des obſervations auſſi viſibles que ſont
celles que nous avons faites.

Car il ne prouve & ne demonſtre
pas tant cette reception de la bile dans
la veſicule , qu'il croit eſtre par ſon
fond , en aſſurant qu'il y ait des conduits ſuffiſans pour cela , & une entrée
viſible dans la veſicule , qu'en refutant
les trois autres opinions qu'il y a ſur
ce ſujet , qui ſont celles de Dulaurent,
de Fallope & de Jaſolinus , dont le premier croit que la bile qui a eſté pouſſée
& receuë dans les racines du pore hepatique , eſtant parvenuë à l'endroit
où ſon tronc ſe joint au cyſtique & au
commun , elle eſt contrainte d'entrer
dans le cyſtique , & de là dans la veſicule , à cauſe des valvules qu'il dit
eſtre en cét endroit , qui l'empeſchent
d'entrer dans le conduit commun : Au

lieu que Fallope pretend que la bile
va d'ordinaire du conduit hepatique,
se rependre dans l'inteſtin par le conduit commun, & qu'elle n'entre dans la
veſicule que lors que l'inteſtin ayant
fermé l'extremité du conduit comm.un,
par la compreſſion que l'abondance du
chyle ou les vents peuvent cauſer par
leur diſtention, elle eſt contrainte de
refluer dans la veſicule : & Jaſolinus
eſtime que la bile n'entre dans la veſicule que par ſes racines & jamais par
ſon col, qui n'eſt fait que pour la verſer dans le conduit commun, & delà
dans l'inteſtin ; & cette opinion ne differe de celle de Gliſſon & de la noſtre, qu'en ce que nous croyons que
la bile eſt receuë dans la veſicule par
l'une & par l'autre de ces deux voyes.
De ſorte que Gliſſon qui avouë que
les conduits qu'il appelle les racines
des vaiſſeaux bilieux de la veſicule ſont
infiniment petits, & que l'embouchure
de leur tronc dans le fond de la veſicule n'a jamais eſté veuë par perſonne, &
qu'il ſoupçonne ſeulement eſtre de la
maniere que les ureteres entrent dans
la veſſie, n'a rien de ſenſible & de palpable à oppoſer à Fallope, qui croit
qu'il n'entre point de bile dans la veſicule que par ſon col.

Car ce n'eſt pas de meſme que l'opinion de Dulaurent , dont la refutation
n'a point beſoin d'aucune obſervation
ny d'aucune experience , y ayant con-
tradiction & impoſſibilité , meſme, dans
ce qu'il ſuppoſe ; Sçavoir, qu'il puiſſe
y avoir des valvules qui empeſchant
la bile de couler du canal hepatique
dans le commun. ; l'obligent à paſſer
dans le cyſtique , & que les meſmes
valvules n'empeſchent pas la bile , que
la veſicule envoye par le canal cyſtique , de pouvoir paſſer dans le commun : & la probilité de l'opinion de
Fallope qui croit que la bile peut entrer dans la veſicule par le canal cyſtique , eſt fort bien prouvée par le reflus
indifferent que l'on remarque dans la
bile , lors qu'on preſſe ou la veſicule,
ou le canal hepatique , ou le commun ;
parce qu'elle a la meſme facilité à remonter du commun dans l'hepatique &
dans le cyſtique , que le cyſtique dans
l'hepatique & dans le commun, comme
nous avons ſouvent éprouvé , & comme Gliſſon meſme en demeure d'accord.

De ſorte que noſtre obſervation &
noſtre conduit eſtoit tout à fait neceſſaire pour faire que ce qu'il y a de vray
dans l'opinion de Jaſolinus , qui croit
que la bile entre dans la veſicule par

un autre conduit que par le pore cyſtique , & l'opinion de Gliſſon qui s'accorde avec Jaſolinus en cela euſſent un
fondement appuyé ſur une experience
ſenſible & palpable.

On peut objeﬅer deux choſes ; la
premiere eſt , que noſtre obſervation
ſemble confirmer en partie l'opinion
de Dulaurent & de Fallope , qui ſont
d'accord en ce qu'ils eſtiment que toute
l'attraﬅion ou ſeparation de la bile ,
eſt faite par les racines du conduit hepatique , parce que noſtre conduit cyſthepatique reçoit la bile du tronc hepatique pour la porter dans le fond de
la veſicule , & que cette bile a eſté at-
tirée par les racines du conduit hepatique ; mais cela n'eſt pas vray , & noſtre deſcription le montre évidemment ;
car nous avons fait voir que noſtre conduit cyſthepatique a ſes racines particulieres , fort amples & fort nombreu-
ſes qui luy fourniſſent beaucoup plus
de bile , qu'il n'y a point d'apparence
qu'il en puiſſe recevoir par le trou ou
anaſtomoſe qu'il a avec le tronc hepatique , dans lequel il jette une partie de la bile qu'il a receuë par ſes racines , & l'autre partie dans la veſicule.

De ſorte que cette anaſtomoſe pourroit ſeulement faire croire que la bile

qui eſt portée dans la veſicule, n'eſt
point differente de celle qui eſt contenuë dans le canal hepatique, contre ce
que Jaſolinus eſtime, ſuivant Galien, à
qui la petiteſſe des racines bilieuſes de
la veſicule a perſuadé avec beaucoup
de raiſon, qu'il y avoit dans le foye
une double ſeparation de deux biles
differentes ; ſi ce n'eſt que l'on diſe que
les racines qui appartiennent à noſtre
rameau cyſthepatique ſont faites pour
recevoir cette bile ſubtile qui paſſe indifferemment dans le fond de la veſicule & dans le tronc du rameau hepatique, afin d'eſtre gardée & reſervée
dans la veſicule pour les uſages auſquels la nature la deſtinée, & auſſi pour
eſtre portée dans le tronc du rameau
hepatique, afin qu'eſtant meſlée avec
la bile trop groſſiere, elle la faſſe couler avec moins de peine dans le tronc
du canal hepatique, dans lequel on
peut dire qu'elle s'épaiſſiroit trop, lors
qu'elle approche de l'extremité du
tronc, à cauſe de la longue demeure
qu'elle a fait dans les conduits.

L'autre objection eſt, que cette obſervation eſtant un fait particulier &
une conformation extraordinaire en
noſtre ſujet, elle n'eſt pas capable d'é-
tablir rien de general, & qui s'eſtende

aux autres sujets, dans lesquels on doit croire que ces organes manquent, puisqu'ils ne se voyent point : Mais comme il y a beaucoup de parties qu'on sçait estre dans le corps des animaux, quoy qu'elles n'y soient pas ordinairement visibles, il y a raison de croire que quand on les voit dans quelques sujets ce n'est point qu'elles y ayent esté faites & engendrées extraordinairement, mais qu'elles sont devenuës visibles, principalement quand elles ont quelque usage important. Car personne ne doute qu'il n'y ait une infinité de parties industrieusement organisées, que la veuë ne sçauroit découvrir, telles que sont les dernieres extremitez des vaisseaux qui portent le sang & qui le rapportent dans les parties solides qui paroissent homogenes, & qui pourtant sont composées de veines & d'arteres, comme on reconnoist lors que par des causes extraordinaires l'estat naturel de ces parties est changé, par l'accroissement de ces vaisseaux. Car lors que dans les louppes, dans les cancers & dans les opthalmies on voit dans les parties affligées de ces maladies, des vaisseaux gros & amples, qui n'y estoient point auparavant, il est certain que cela n'arrive point, parce qu'ils y ont esté engendrez ; mais seulement parce que de petits & imperceptibles qu'ils estoient, ils font crus jusques à une grandeur confiderable.

Cette remarque qui à mon avis est de grande importance, & que je confidere comme une nouvelle maniere de parvenir à la connoissance de beaucoup de chofes qui font cachées dans l'Anathomie, a déja esté faite icy plufieurs fois, principalement dans le foye de trois gazelles, où l'on a obfervé des conformations extraordinaires, qui ont esté jugées ne provenir que de l'amplification & de l'endurcissement de quelques parties, qui pour estre molles ou petites dans d'autres fujets, ny paroissent point estre ce qu'elles y font en effet.

De forte qu'il y a grande apparence de croire que ce conduit & cette valvule que nous avons trouvé si visible dans nostre fujet, ne font pas des chofes apparentes dans les autres, à caufe de la petitesse, de mefme que l'entrée des ureteres dans la vessie a esté long-temps inconnuë : & l'on peut dire que si par quelque caufe contre nature, il arrivoit dans un fujet que l'uretere & les membranes de la vessie qu'il penetre, vinssent à augmenter leur grandeur extraor-

dinairement, on y découvriroit une structure qui a esté inconnuë jusqu'à present , de mesme que celle de la valvule de la vesicule de nostre sujet,
dans lequel il est à remarquer une
particularité fort considerable , qui est
qu'une disposition schirrheuse avoit
endurci & élargi de telle sorte tous les
conduits biliaires , qu'ils estoient incomparablement plus visibles qu'ils ne
sont dans les autres sujets ; & qu'il est
fort probable , qu'ils paroistroient par
tout de la mesme sorte , s'ils estoient
élargis & endurcis par des causes de cette nature.

Cette consideration nous a fait croire que ce conduit cysthepatique & sa
valvule dans la vesicule , sont dans
tous les foyes des animaux ; mais qu'ils
sont imperceptibles , à cause de leur
petitesse , qui est neantmoins suffisante
à cause de la subtilité de l'humeur bi-
lieuse , qui est capable de penetrer les
conduits les plus étroits & les plus petits.

F I N.